collection
PACES

Biophysique

Cours et QCM

Francesco Giammarile
Professeur des Universités - Praticien hospitalier
Biophysique, Faculté de Médecine et de Maïeutique Lyon Sud-Charles-Mérieux
Université Claude-Bernard Lyon-1 – EA 3738
Unité de Médecine nucléaire, Centre hospitalier Lyon-Sud - Hospices civils de Lyon

Claire Houzard
Maître de conférences universitaire - Praticien hospitalier
Biophysique, Faculté de Médecine et de Maïeutique Lyon Sud-Charles-Mérieux
Université Claude-Bernard Lyon-1 – EA 3738
Unité de Médecine nucléaire, Centre hospitalier Lyon-Sud - Hospices civils de Lyon

Anne Charrié
Maître de conférences universitaire – Praticien hospitalier
Biophysique, Faculté de Médecine et de Maïeutique Lyon Sud-Charles-Mérieux
Université Claude-Bernard Lyon-1 – CarMeN-INSERM U1060-CENS
Laboratoire de techniques nucléaires et biophysique – Centre de Biologie
Centre hospitalier Lyon-Sud – Hospices civils de Lyon

ellipses

UE1 : Atomes, biomolécules, génome, bioénergétique, métabolisme

- *Annales de Chimie générale (UE1). QROC et QCM corrigés et commentés*, F. Launay et A. Gédéon
- *Biochimie : cours et QCM*, S. Allouche (dir.)
- *Biochimie métabolique – 2e édition*, J. Borg et A. Reeber
- *Biologie moléculaire, cellulaire et génétique en 1001 QCM (La)*, M. Ghorbal
- *QCM et QROC de biologie moléculaire*, I. Creveaux et L. Blanchon
- *Chimie générale. Cours et QCM corrigés et commentés*, J. Golebiowski, P. Aplincourt
- *Chimie générale en 1001 QCM (La)*, J. Bonin, D. Marchal
- *Chimie générale en UE1 (La). Fiches et QCM (corrigés et commentés)*, A. Gédéon et F. Launay
- *Chimie organique : cours et exercices*, P. Karoyan
- *Chimie organique et isométrie. QCM, exercices et problèmes corrigés*, S. Rubio
- *Considérations moléculaire, métabolique et physiopathologique de la nutrition humaine*, C. Perier
- *Cours de Chimie générale – 2e édition*, A. Gédéon
- *Cours de Chimie organique*, O. Thomas et S. Antoniotti
- *Exercices et annales de Chimie générale corrigés et commentés. Nouveau programme L1 santé*, A. Gédéon
- *Exercices et QCM de chimie organique*, O. Thomas et S. Antoniotti
- *Mécaniques des fluides physiologiques : cours et QCM*, C. Letellier
- *QCM de Chimie organique*, J.-P. Bouillon et F. Estour

UE2 : La cellule et les tissus

- *Bases cellulaires et moléculaires du développement. Méthodes et exercices, 2e édition*, C. Chanoine
- *Biologie cellulaire en 1001 QCM et QROC (La) – 2e édition*, J.-C. Cailliez
- *Biologie cellulaire et moléculaire de la cellule eucaryote*, C. Chanoine et F. Charbonnier
- *Biotechnologies et applications (génie génétique)*, F. Perrin-Schmidt
- *Exercices corrigés et commentés de biologie cellulaire – 4e édition*, P. Cau
- *QCM et exercices corrigés et commentés d'histologie et d'embryologie, nouvelle édition*, D. Haymann (coord.) et M. Berreur
- *UE2 : Biologie cellulaire, embyologie et histologie en 1001 QCM*, M. Ghorbal
- *Biologie de la reproduction et du développement*, Collège Hospitalo-Universitaire de biologie et médecine du développement et de la reproduction

UE3 : Organisation des appareils et systèmes : aspects fonctionnels et méthodes d'études

- *Approche physique du transport de la matière*
- *dans les milieux biologiques*, W. Urbach, M.-C. Fauré, B. C. Forget, J. Berges et N. Taulier
- *Biophysique médicale : magnétostatique, radiofréquences, résonance, magnétique nucléaire*, D. Morvan
- *Biophysique : cours et exercices*, F. Giammarile, C. Houzard, et A. Charrie
- *Cours de Physique*, B. Clerjaud
- *Physique. Cours, exercices et annales corrigés*, D. Benredjem et G. Kesperski
- *Physique. Nouveau programme L1 santé*, C. Lavelle
- *Physique et biophysique. Rappels de cours, exercices et QCM corrigés*, J.-M. Escanye et A. Durand
- *Physique et biophysique. Rappel de cours, exercices et QCM corrigés (volume 2)*, J.-M. Escanye et A. Durand
- *Physique médicale*, E. Hakiki Nour
- *Réussir l'UE3*, J. Pradère

UE4 : Évaluation des méthodes d'analyses appliquées aux sciences de la vie et de la santé

- *Techniques de raisonnement statistique et applications aux sciences de la vie*, P. D'Athis
- *Biomathématiques*, V. Latocha
- *Biostatistiques. Rappels de cours et QCM corrigés – 2e édition*, J.-L. Golmard
- *Élément de biostatistiques. Exercices corrigés, QCM et rappels de cours à l'usage des étudiants en médecine et en biologie*, F. Kohler
- *Évaluation des méthodes d'analyse appliquées aux sciences de la vie et de la santé. Exercices, QCM, problèmes et épreuves corrigés*, M. Mercier (dir.)
- *Exercices de statistiques médicales et biologiques*, F. Borsali
- *Manuel de statistiques – 2e édition. Nouveau programme L1 santé*, G. Forzy
- *Statistiques médicales et biologiques*, F. Borsali

UE5 : Organisation des appareils et systèmes : aspects morphologiques et fonctionnels généraux

- *320 QCM clés d'anatomie*, P. Trouilloud, O. Trost, N. Cheynel
- *Anatomie en 1001 QCM (L') – 2e édition*, G. Biette
- *Anatomie. Tête, cou, nerfs crâniens et organes des sens*, P. Trouilloud, O. Trost
- *Introduction à l'Anatomie*, P. Trouilloud, O. Trost
- *Manuel d'anatomie*, S. Dupont, P. Serbe et C. Boistier
- *Manuel d'anatomie générale*, F. De Peretti et B. Maes
- *QCM illustrés d'anatomie*, F. De Perreti et B. Maes

ISBN 978-2-7298-66587

32, rue Bargue 75740 Paris cedex 15

www.editions-ellipses.fr

AVANT-PROPOS

Ce travail est le fruit de la réflexion et de l'expérience des enseignants de Biophysique de la faculté de Médecine et de Maïeutique Lyon Sud – Charles Mérieux de l'université Claude Bernard – Lyon 1, intervenants dans l'enseignement de l'unité d'enseignement 3 (UE3) de la Première Année des Études de Santé (PAES). La PAES réunit des candidats aux études de médecine, aux études de Pharmacie, de Maïeutique, de Kinésithérapie et d'Odontologie.

Le programme de cette UE est considérablement dense et se déroule sur deux semestres de cours (S1 et S2). Cet ouvrage, destiné aux étudiants de l'UE3, est consacré à une partie du programme du S1, qui traite des aspects fondamentaux. Un second livre, dédié au S2 et s'intéressant aux aspects fonctionnels, sera publié prochainement.

L'enseignement des sciences fondamentales ne se conçoit pas sans une manipulation des concepts de base à travers des exercices et la résolution de problèmes. La pédagogie classique se trouve alors confrontée aux contraintes imposées par le nombre très élevé de candidats au concours très sélectif de la PAES. C'est la raison pour laquelle l'objectif principal de l'étudiant reste la réussite au concours, qui va au-delà de son simple intérêt pour la discipline, mais passe par une adaptation rapide au mode de questionnement choisi pour l'épreuve.

L'originalité de cet ouvrage se situe alors dans la description des notions fondamentales, constituant un cours condensé relativement classique, qui sont néanmoins présentées dans la première partie de chaque chapitre sous la forme d'explication de Questionnaire à Choix Multiples (QCM). La seconde partie de chaque chapitre propose alors une compilation de QCM, inspirés, pour la majorité d'entre eux, de ceux proposés aux concours des facultés de Lyon ces dernières années, mais sélectionnés pour prendre en compte les modifications du programme voulu par la réforme des études médicales. Ainsi, certains corrigés sont commentés en fonction des difficultés respectives des QCM.

La rédaction de QCM est un art difficile pour l'enseignant et une forme d'examen délicate pour l'étudiant, quels que soient le niveau et la matière. Cet ouvrage a été rédigé et pensé comme une aide pratique pour l'étudiant, à la fois sur le plan des connaissances et sur celui du concours.

SOMMAIRE

CHAPITRE 1
LE DOMAINE DE L'OPTIQUE

Nature et propriétés de la lumière – dualité onde-particule

L'optique étudie les propriétés de la lumière et ses interactions avec la matière.

La lumière est une onde électromagnétique qui se distingue des autres rayonnements par le fait qu'elle correspond à la zone de sensibilité de l'œil humain et possède de ce fait la propriété physiologique d'être « visible ». L'énergie des photons lumineux est faible : la lumière visible n'est donc pas ionisante.

QCM

On donne l'équation suivante :

$$\lambda = \frac{c}{\nu} = c \cdot T$$

Avec : ν : fréquence, T : période, λ : longueur d'onde, c : ?

a. La longueur d'onde dépend du milieu traversé
b. Dans l'équation, la lettre « c » représente la vitesse de la lumière dans l'eau
c. Lorsque la longueur d'onde d'une source lumineuse monochromatique augmente, sa fréquence diminue
d. Le principe d'Huyghens-Fresnel décrit une manifestation de l'aspect corpusculaire de la lumière
e. Les phénomènes d'interférence et de diffraction sont observables lorsque les dimensions de l'objet éclairé sont du même ordre de grandeur que la longueur d'onde de la lumière incidente

Généralités : Comportement ondulatoire

La lumière se caractérise par sa fréquence ν en Hz (s^{-1}), sa période T en s ($=1/\nu$) et sa longueur d'onde λ en m. La célérité c (exactement, 299 792 458 m/s ; par simplification, 3.10^8 m/s), est la vitesse de propagation de la lumière dans le vide.

$$\lambda = \frac{c}{\nu} = c \cdot T$$

Proposition a

La longueur d'onde dépend du milieu traversé

VRAI : car la vitesse de propagation de la lumière varie selon le milieu traversé et sera plus faible dans un milieu matériel que dans le vide.

Proposition b

Dans l'équation, la lettre « c » représente la vitesse de la lumière dans l'eau

FAUX : représente la vitesse de la lumière dans le vide.

Proposition c

Lorsque la longueur d'onde d'une source lumineuse monochromatique augmente, sa fréquence diminue

VRAI : dans l'équation, ν est au numérateur et λ au dénominateur et sont donc inversement proportionnelles. Une source lumineuse est dite monochromatique lorsque tous ses rayons ont la même longueur d'onde.

La lumière, comme tout rayonnement électromagnétique, peut se manifester sous un aspect ondulatoire ou corpusculaire, selon les interactions avec la matière mises en jeu. L'aspect ondulatoire se manifeste par des phénomènes d'interférence et de diffraction, lorsque les dimensions de l'objet éclairé sont du même ordre de grandeur que la longueur d'onde de la lumière incidente.

Selon le principe d'Huyghens-Fresnel, il y a formation d'une onde sphérique à partir d'une source lumineuse ponctuelle : chaque point de ce front d'onde (ou d'un objet éclairé) peut être considéré comme la source d'une nouvelle onde sphérique, synchrone des autres sources et en phase avec l'onde incidente.

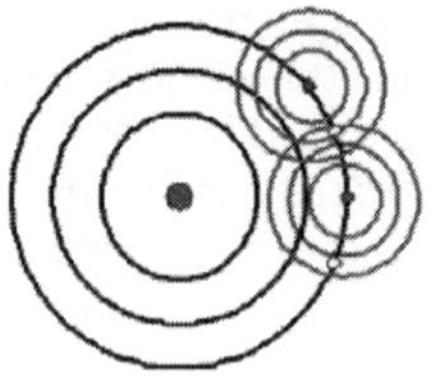

Proposition d

Le principe d'Huyghens-Fresnel décrit une manifestation de l'aspect corpusculaire de la lumière

FAUX : c'est une manifestation de l'aspect ondulatoire de la lumière.

Les interférences : l'expérience des « Fentes d'Young » permet d'obtenir des interférences lumineuses : entre une source lumineuse monochromatique et un écran, on interpose une plaque percée de deux fentes qui se comportent comme des sources secondaires synchrones :

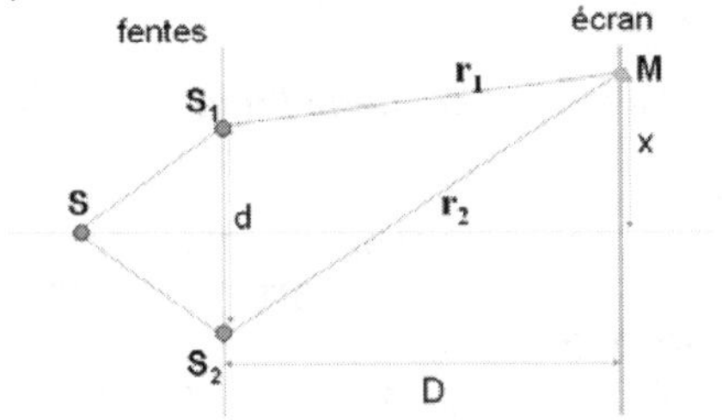

avec : r_1 et r_2 distances entre le point d'observation et S_1 et S_2.
d distance entre les fentes
D distance entre l'écran et les fentes (D >> d)
x distance de M au centre de l'écran

En fonction de la différence de trajet des deux ondes lumineuses émises par les deux sources secondaires S_1 et S_2 on aura :

$$E_1 = E_0 \cdot \sin(\omega \cdot t) \text{ et } E_2 = E_0 \cdot \sin(\omega \cdot t - \Delta\varphi)$$

avec : E_0 amplitude, Ω pulsation, $\Delta\varphi$ déphasage des ondes, t temps

Le déphasage des ondes caractérise le fait qu'une onde a un certain **retard** par rapport à l'autre. En effet, pour arriver à un point M situé sur l'écran, le chemin à parcourir n'est pas le même pour la lumière qui provient d'une source ou de l'autre (r_1 ou r_2).

Lorsque l'écran est placé loin des fentes : $r_2 - r_1 = \frac{d}{D} \cdot x$

$r_2 - r_1 = \delta$ est appelée : **différence de marche**

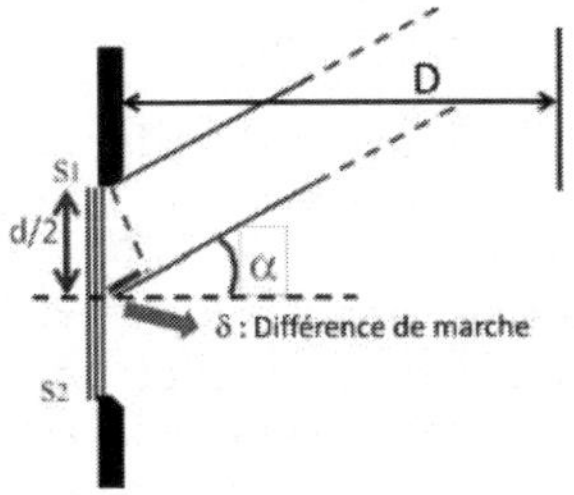

Proposition e

Les phénomènes d'interférence et de diffraction sont observables lorsque les dimensions de l'objet éclairé sont du même ordre de grandeur que la longueur d'onde de la lumière incidente

VRAI : Ces phénomènes correspondent à la nature ondulatoire de la lumière. L'expérience des fentes d'Young est une application du principe de Huyghens-Fresnel.

L'intensité est répartie de manière **périodique** : $\Delta\varphi = \frac{2\pi}{\lambda} \cdot \frac{d}{D} x$

Valeurs paticulières :

Lorsque $\mathbf{r_2 - r_1 = k\lambda}$: est un multiple de 2π : les ondes s'ajoutent et on obtient une frange lumineuse sur l'écran : on dit qu'il s'agit d'une **interférence constructive.**

Si $\mathbf{r_2 - r_1 = (2k+1)\lambda/2}$: est un multiple impair de π, les ondes s'annulent et on obtient une frange sombre sur l'écran : on dit qu'il s'agit d'une **interférence destructive.**

Sur l'écran on observe ainsi des franges successivement claires et sombres, séparées d'une distance i telle que : $i = \frac{\lambda \cdot D}{d}$

Ces résultats aboutissent aux observations suivantes :

- plus les fentes sont éloignées l'une de l'autre, plus les franges sont rapprochées
- plus l'écran est éloigné, plus les franges sont espacées.

La diffraction de la lumière

Pour pousser l'approximation à sa limite, on peut étudier le cas où les rayons interfèrent à l'infini(on dit que les rayons sont parallèles entre eux). Dans la pratique, cela s'obtient en plaçant l'écran à plusieurs mètres des fentes.

La différence de marche entre deux rayons interférant entre eux vaut alors :

$$\delta = \frac{d}{2} \cdot \sin\alpha \approx d \cdot \alpha$$

Les ondes émises en S_1 et S_2 sont des ondes sphériques : leur amplitude décroît au fur et à mesure qu'elles avancent (l'amplitude de E_1 et de E_2 ne sera pas la même au point M).

Les fentes ont une certaine largeur, ce qui implique un phénomène de diffraction par chacune des fentes. En effet, une lumière qui ressort d'un petit trou n'est pas isotrope, mais est majoritairement dirigée vers l'avant.

On observe alors sur l'écran des franges d'intensité décroissante autour d'un disque central brillant, nommé « tache d'Airy ».

Notion de pouvoir séparateur

Un effet important de cette tache de diffraction, en optique physiologique, est la dégradation de la résolution (ou pouvoir séparateur) des images dans les appareils optiques, tels que le microscope, ou le télescope (mais non

pas celle de l'œil, car la tache a une taille inférieure à l'acuité visuelle). Dans ces conditions, l'image d'un point n'est pas un point, mais une tache de diffraction.
On appelle pouvoir séparateur la distance minimale entre deux points objet telle que leurs images (= tache de diffraction) soient distinctes. Cette distance doit être supérieure ou égale à r (rayon de la tache), qui est proportionnel à la longueur d'onde (pour un instrument d'optique donné) et inversement proportionnel à D. En pratique, pour augmenter le pouvoir séparateur d'un instrument d'optique, il faut diminuer la longueur d'onde de la lumière utilisée (comme dans le microscope électronique).

Etoiles : objets à visualiser ; ronds : taches de diffusion sur l'instrument d'optique. Au milieu : distance correspondant au pouvoir séparateur ; A droite : les taches de diffusion se chevauchent et les 2 objets trop rapprochés ne peuvent plus être distingués l'un de l'autre

Comportement corpusculaire

Par la mise en évidence de l'effet photoélectrique, Albert Einstein a montré que les échanges d'énergie entre les rayonnements et la matière se font de façon discontinue, sous forme de « paquets » d'énergie.
Les rayons lumineux sont donc constitués de « grains », ou quanta d'énergie : les **photons**. Il s'agit de particules de masse négligeable et charge nulle, susceptibles de se transporter à vitesse finie (inférieure ou égale à la célérité).
En étudiant le rayonnement du corps noir (objet idéal qui absorberait toute l'énergie électromagnétique qu'il recevrait, sans en réfléchir ni en transmettre; alors que l'émission de lumière observée sous l'effet d'augmentation de sa température ne peut être expliquée par la théorie classique, mais seulement par la théorie quantique), Max Planck a postulé une relation de proportionnalité entre le quantum d'énergie transporté par le photon et la fréquence du rayonnement :

$$E = h\nu = \frac{h}{T} = \frac{hc}{\lambda}$$

avec h : constante de Planck = $6{,}62.10^{-34}$ J.s et E : énergie du photon

Les effets "quantiques" n'apparaissent que lorsqu'on s'intéresse à des phénomènes de niveau atomique (c'est-à-dire d'un ordre de grandeur comparable à h). Ainsi, dans les conditions macroscopiques ordinaires, la physique classique reste une approximation valable (h pourra être négligée).

Autres QCM

1. Quelle est, en électron-volts (eV), l'énergie d'une lumière dont la longueur d'onde dans le vide est de 500 nm ? (une seule réponse). On donne : vitesse de la lumière c = 3 10^8 m/s; constante de Planck h = 6,626 10^{-34} J.s

   a. 2,48 eV
   b. 24,8 eV
   c. 39,8 eV
   d. 4,0 10^{-19} eV
   e. 6,0 10^{-14} eV

2. L'expérience des « Fentes d'Young »

   a. permet d'obtenir des interférences lumineuses
   b. permet d'obtenir deux ondes lumineuses émises en phase
   c. permet d'obtenir des franges successivement claires et sombres au niveau des sources secondaires
   d. plus les fentes sont éloignées l'une de l'autre, plus les franges sont rapprochées
   e. plus les fentes sont rapprochées l'une de l'autre, plus les franges sont rapprochées

Lois de propagation, diffusion et diffraction de la lumière

Généralités : Optique géométrique

L'optique géométrique s'intéresse aux effets macroscopiques de la lumière (propagation, réflexion, réfraction). Dans ces cas, les longueurs d'onde sont petites devant les dimensions du système observé et les effets de la diffraction peuvent être négligés. Il s'agit donc d'une approximation de l'optique ondulatoire, où l'on n'émet aucune hypothèse sur la nature physique de la lumière, son mode ou sa vitesse de propagation.

En optique géométrique, on ne considère plus que le trajet des rayons lumineux, en tant que droites au sens géométrique du terme ; les angles (d'incidence, de réflexion et de réfraction) sont toujours envisagés par rapport à la normale au plan.

QCM

a. L'indice de réfraction absolu est indépendant de la fréquence de la lumière incidente
b. L'indice de réfraction absolu est le rapport entre la vitesse de la lumière dans le vide et celle de la lumière dans un milieu matériel; il est toujours inférieur à 1
c. L'indice de réfraction relatif d'un milieu 1 par rapport à un milieu 2 s'exprime en mètres par seconde
d. Le point conjugué d'un objet situé à l'infini est le point focal image
e. Pour un dioptre sphérique, les distances focales sont de signe opposé et différentes en valeur absolue

Notion d'indice optique

Une onde est un phénomène qui se développe dans l'espace et dans le temps. Dans le vide, le transport d'énergie (pas de matière) se fait en en ligne droite, à la vitesse **c**. Dans la matière, la propagation se fait dans un milieu transparent (la lumière visible ne pénètre pas les milieux opaques), avec une vitesse réduite, **v** : le rapport entre la vitesse de propagation de l'onde dans le vide et celle dans une substance donnée (indice de réfraction) dépend du matériau considéré, mais également de la fréquence de l'onde.

Proposition a

L'indice de réfraction absolu est indépendant de la fréquence de la lumière incidente

FAUX

L'indice absolu de réfraction d'un milieu matériel transparent $\mathbf{n_{abs}}$ est donné par :

$$n_{abs} = \frac{c}{v}$$

avec : c célérité et v vitesse de la lumière dans le milieu considéré.

Proposition b

L'indice de réfraction absolu est le rapport entre la vitesse de la lumière dans le vide et celle de la lumière dans un milieu matériel; il est toujours inférieur à 1

FAUX : la première partie de la proposition est exacte mais sa seconde partie est fausse : l'indice de réfraction absolu est toujours supérieur à 1 puisque v est inférieur à c

Dans le tableau suivant figurent les valeurs d'indice optique absolu de quelques milieux matériels, pour une même fréquence ν :

Matière	Indice n à ν = 510 THz
Air	1,00029 (≅1)
Eau	1,333
Verre léger CROWN	1,517
Verre lourd FLINT	1,647
Diamant	2,417

Lois de Snell-Descartes : deux grands groupes de lois régissent la propagation de la lumière :

Les lois de la **propagation rectiligne de la lumière**, selon lesquelles le trajet effectivement emprunté entre 2 points A et B est tel que le temps de parcours entre ces 2 points est minimal (la lumière prend le chemin le plus court)

Les lois de Snell-Descartes, qui concernent la **réflexion et la réfraction**.

Ces lois, qui s'appliquent à la lumière comme à d'autres ondes (ondes sonores, par exemple). Elles définissent les interactions de la lumière avec l'interface séparant deux milieux d'indice de réfraction différents.

Loi régissant la localisation des rayons dans les plans de l'espace : Le rayon incident (I_1), la normale au plan (N), le rayon réfléchi (I_r) et le rayon réfracté (I_2) sont dans le même plan.

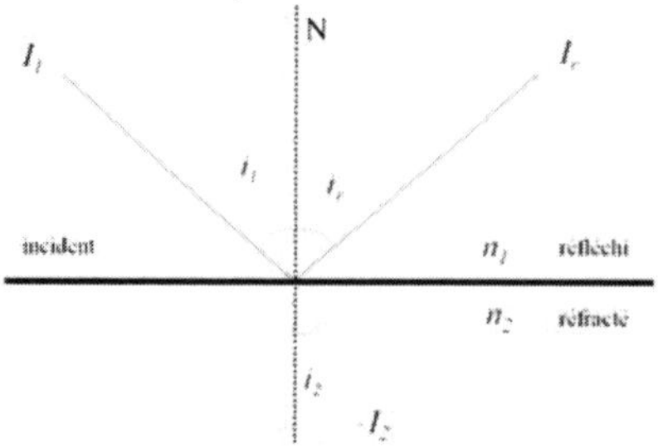

Réflexion : une réflexion est spéculaire quand l'interface est lisse (plane). Sinon, elle est diffuse.

Loi régissant la réflexion : l'angle d'incidence est égal à l'angle de réflexion :

$$\mathbf{i_i = i_r}$$

L'intensité de l'onde réfléchie est fonction du rapport d'indice des deux milieux

Le **coefficient de réflexion** permet de calculer cette intensité :

$$\frac{I_r}{I_1} = \left(\frac{n_1 - n_2}{n_1 + n_2}\right)^2$$

Dans le cas de l'interface entre air (n=1) et verre (n=1,5), le coefficient de réflexion est donc de 0,04 (c'est à dire que 96% de la lumière est transmise à travers le verre).

Réfraction : quand un rayon traverse l'interface séparant 2 milieux d'indices différents, il change de direction. Le phénomène est évident si les indices n_1 et n_2 sont assez différents.
Loi régissant la réfraction :

$$\frac{\sin i_1}{\sin i_2} = \frac{n_2}{n_1}$$

Notion d'indice relatif : L'indice relatif d'un milieu 2 par rapport à un milieu 1 est égal au rapport entre les vitesses du milieu 1et du milieu 2

$$\begin{cases} n_1 = \dfrac{c}{v_1} \\ n_2 = \dfrac{c}{v_2} \end{cases} \quad \text{donc} \quad \frac{n_2}{n_1} = \frac{v_1}{v_2}$$

La modification de la vitesse entre les milieux implique un changement équivalent de la longueur d'onde (la fréquence, liée à l'énergie du rayonnement, restant constante).

Proposition c
L'indice de réfraction relatif d'un milieu 1 par rapport à un milieu 2 s'exprime en mètres par seconde
FAUX : c'est un nombre sans dimension : rapport de 2 vitesses

Dioptrique

Notion de système optique

Un **dioptre** est une interface (surface) entre deux milieux transparents ayant des indices optiques de réfraction différents. Une série de dioptres (lentille, ensemble de lentilles, de miroirs, etc.) constitue un **système optique**.
L'espace objet est l'espace d'où viennent les rayons lumineux (en provenance de l'objet).
L'espace image est l'espace où se formera l'image optique.
Transposé à l'œil, le milieu extérieur est en avant l'œil (espace objet, ce que l'on regarde) et le milieu intérieur se situé à l'intérieur de l'œil (où se formera l'image).
Dans un **système optique**, un point objet et son image sont sont dits "conjugués" par rapport au dioptre :

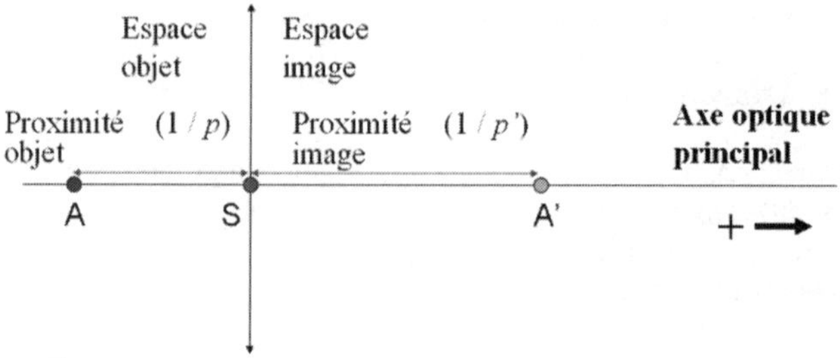

Par convention :

- le sens de propagation des rayons lumineux est orienté de la gauche vers la droite.
- **l'**origine (point zéro) correspond au sommet du dioptre (S)
- **la** position de l'objet : $p = \overline{SA}$
- la position de l'image : $p' = \overline{SA'}$

Le dioptre sphérique

Un dioptre sphérique est constitué de deux milieux d'indices différents, séparés par une interface en forme de calotte sphérique, de sommet S, de centre C et de rayon R.

L'axe optique passe par le sommet et le centre du dioptre

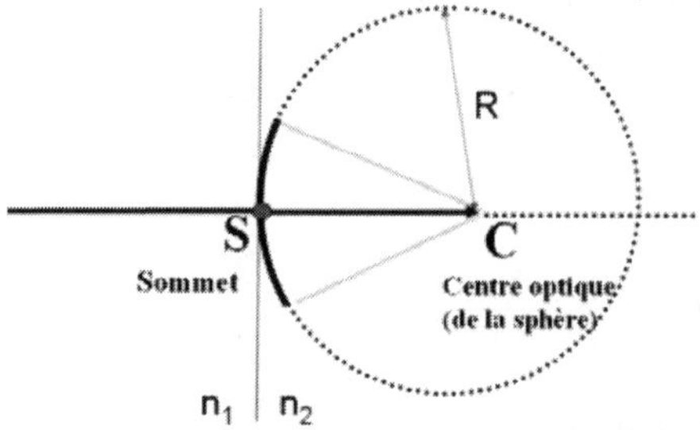

Notion de stigmatisme - Approximation de Gauss

Un système optique S est dit stigmate s'il donne d'un objet ponctuel O une image ponctuelle I : tous les rayons issus de O à travers S convergent en un seul point I.

Un système complexe (comme l'oeil, que l'on peut considérer comme une succession de dioptres sphériques alignés) est approximativement stigmate si l'on ne considère que les rayons faiblement inclinés par rapport à l'axe optique du système (et proches de celui-ci). Pour la plupart des besoins courants de l'optique géométrique (notamment les applications de l'optique physiologique), il est préférable de travailler dans cette

approximation, dite de Gauss (petits angles d'incidence, de réfraction et de réflexion).
Un dioptre sphérique n'est stigmate que dans l'approximation de Gauss

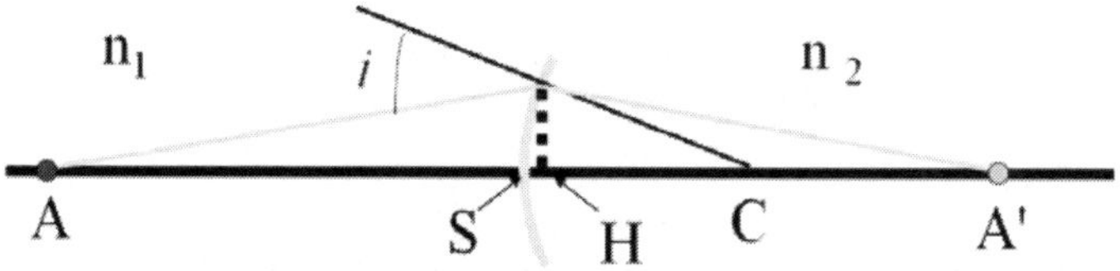

Approximation de Gauss : on considère que les points H et S sont confondus

Objets et images réels, virtuels

Une image est réelle lorsqu'elle peut être présentée sur un écran : elle se situe alors du coté du dioptre vers lequel se dirigent les rayons (espace image), qui convergent vers l'image.
Une image virtuelle se situe du coté du dioptre d'où proviennent les rayons (espace objet); le faisceau est divergent après traversée du dioptre.
Les rayons lumineux émis par un objet réel (situé dans l'espace objet) sont divergents, alors que les rayons lumineux semblent converger vers un objet virtuel (situé dans l'espace image).

Type d'objet	Faisceau incident	Distance sommet-objet
Réel Virtuel	Divergent Convergent	p<0 p>0
Type d'image	Faisceau émergent	Distance sommet-image
Réelle Virtuelle	Convergent Divergent	p'>0 p'<0

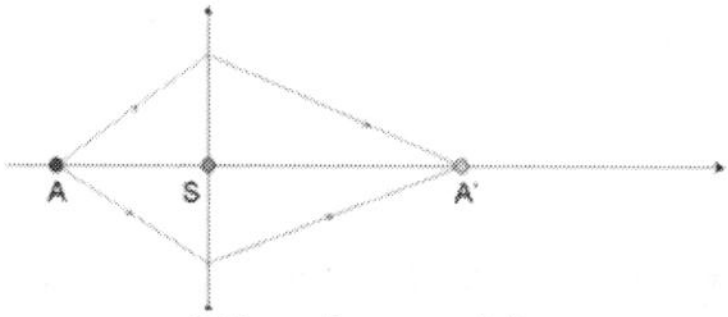

Objet et images réels

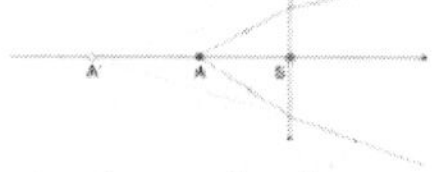

Image viruelle

Objet virtuel

Foyer objet et foyer image
Le point focal objet a pour conjugué un point image situé à l'infini : c'est à dire qu'après traversée du dioptre le faisceau issu de l'objet devient parallèle

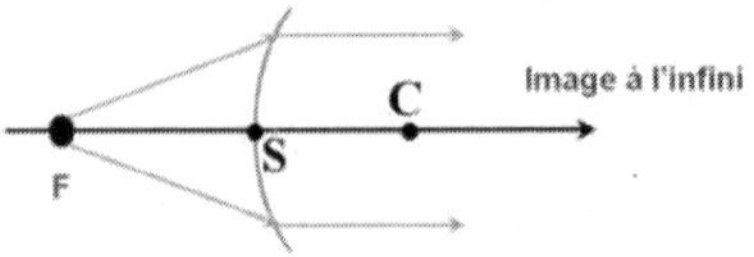

Le point focal image a pour conjugué un point objet situé à l'infini (qui émet un faisceau parallèle)

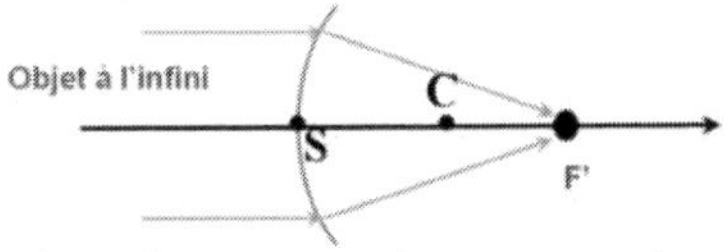

Distances focales : les distances qui correspondent à ces points sont nommées les distances focales :
f = distance focale objet = SF
f' = distance focale image = SF'
Elles dépendent du rayon du dioptre et des l'indice de réfraction

$$\begin{cases} \overline{SF} = f = -R \cdot \dfrac{n_1}{n_2 - n_1} = R \cdot \dfrac{1}{n-1} \\ \overline{SF'} = f' = R \cdot \dfrac{n_2}{n_2 - n_1} = R \cdot \dfrac{n}{n-1} \end{cases}$$

avec n : indice relatif $\left(n = \dfrac{n_2}{n_1}\right)$ et 1 : indice de l'air

Proposition d
Le point conjugué d'un objet situé à l'infini est le point focal image
VRAI

Proposition e
Pour un dioptre sphérique, les distances focales sont de signe opposé et différentes en valeur absolue
VRAI

La vergence d'un dioptre (également appelée puissance optique) traduit le pouvoir de réfraction du dioptre, et est égale à :

$$D = -\frac{n_1}{f} = \frac{n_2}{f'} \ : \ \frac{n_1}{n_2} = -\frac{f}{f'}$$

Le rapport des indices de réfraction des milieux 1 et 2 est donc égal au rapport des distances focales objet et image

NB : **La proximité** d'un point est l'inverse de sa distance au sommet du dioptre

Formation d'une image et grandissement d'une image

Un objet non ponctuel AB se converge simplement dans l'espace image :

- les rayons lumineux issus de l'objet et passant par le centre du dioptre sphérique ne sont pas déviés (ils sont perpendiculaires à la surface sphérique du dioptre) ;
- les rayons parallèles à l'axe optique sont déviés en passant par le foyer image, F'

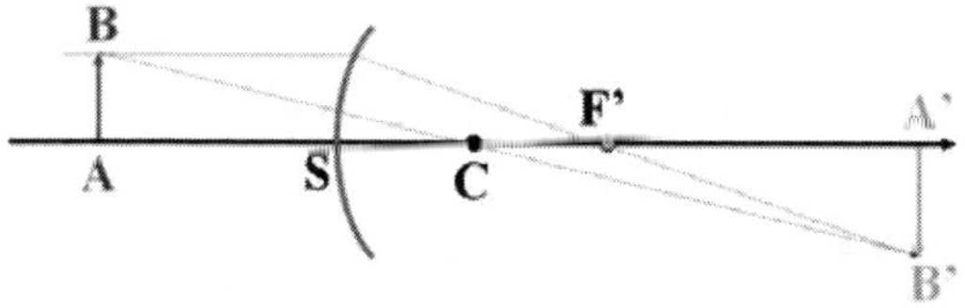

Le grandissement latéral d'une image, γ, est la taille de l'image rapportée à la taille de l'objet

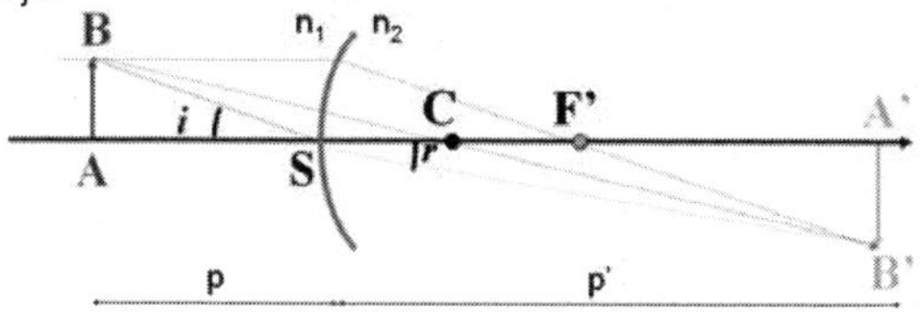

Dioptre convergent - divergent - relations de conjugaison

Un dioptre convergent a un rayon de courbure positif, est convexe; le point focal image est réel.

Un dioptre divergent a un rayon de courbure négatif, est concave; le point focal image est virtuel, c'est-à-dire qu'il est situé en avant du dioptre (il se construit graphiquement en prolongeant les rayons réfractés divergents).

Les relations de conjugaison permettent de déterminer la position sur l'axe optique d'un point image en connaissant la position du point objet (et réciproquement) et d'autres éléments caractéristiques du système :

$$D=\frac{n_2}{p'}-\frac{n_1}{p}=\frac{n_2-n_1}{R} \qquad \begin{cases} \dfrac{n_2}{p'}=\dfrac{n_1}{p}+\dfrac{n_2-n_1}{R} \\ \dfrac{f}{f'}=-\dfrac{n_1}{n_2}=-\dfrac{1}{n} \\ \dfrac{f'}{p'}+\dfrac{f}{p}=1 \end{cases}$$

D en dioptries (inverse d'une longueur : m^{-1}), R en m

La vergence est positive pour un dioptre convergent et négative pour un dioptre divergent

Autres QCM

3. Optique géométrique - Dioptrique

   a. L'indice absolu de réfraction d'un milieu matériel transparent dépend de l'angle d'incidence
   b. L'indice relatif de réfraction d'un milieu matériel transparent dépend de l'angle d'incidence
   c. Selon les lois de Snell-Descartes, l'angle de réfraction est toujours égal à l'angle d'incidence
   d. Un dioptre est une surface séparant 2 milieux de même indice absolu de réfraction
   e. Dans l'approximation de Gauss, les rayons considérés sont fortement inclinés par rapport à l'axe optique

4. Optique géométrique - Dioptrique

   a. Les rayons qui passent par le centre d'un dioptre sphérique ne sont pas déviés
   b. . Le point focal objet est le conjugué du point focal image
   c. Le conjugué d'un objet réel est obligatoirement une image réelle
   d. Un dioptre est une surface séparant 2 milieux de même indice absolu de réfraction
   e. Lorsqu'un dioptre est divergent, son foyer image est réel

Bases physiques des lasers médicaux

Généralités : L.A.S.E.R.

L.A.S.E.R. est un acronyme signifiant Light Amplification by Stimulated Emission of Radiation, c'est à dire en Français : **A**mplification **L**umineuse par une **E**mission de **R**ayonnement **S**timulée. Il s'agit de la transformation

d'une énergie d'origine quelconque en une énergie lumineuse ayant des propriétés particulières de cohérence
L'émission laser est une lumière monodirectionnelle, monochromatique, cohérente

QCM :

a. On peut dire que l'émission laser se caractérise par une grande largeur spectrale car la lumière monochromatique émise est d'une grande intensité
b. L'inversion de population est une condition indispensable à une émission stimulée
c. Les procédés de « pompage » enlèvent l'énergie excédentaire du photon incident avant son absorption par l'atome
d. Dans les lasers à 3 niveaux, l'émission stimulée se produit entre les 2 niveaux énergétiques les moins élevés.
e. Dans les lasers à 4 niveaux, l'émission stimulée se produit entre les 2 niveaux énergétiques les plus élevés.

Caractéristiques de la lumière laser

Monochromaticité : étymologiquement :signifie de même couleur, mais qui s'emploie même en dehors du spectre visible. Il s'agit de rayonnements de même longueur d'onde
L'émission laser se caractérise par une **faible largeur spectrale**

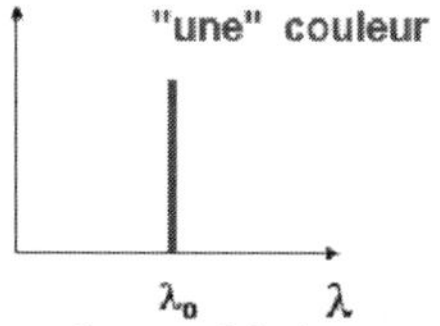

Spectre théorique

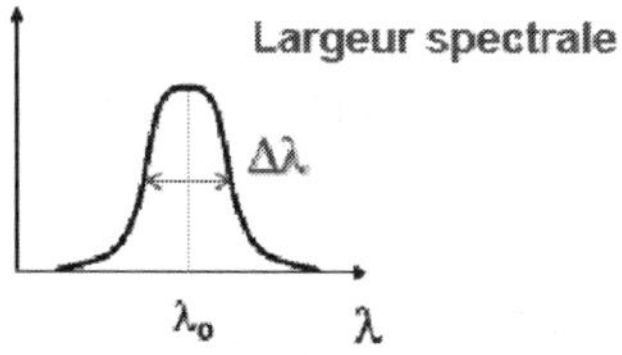

Spectre réel

Relations de phase : les lampes classiques émettent des rayonnements de longueur d'onde différentes et dont les phases sont toutes indépendantes les unes des autres. Les lasers émettent des rayonnements de longueur d'onde identique, tous en phase et qui le demeurent sur toute leur trajectoire.

Addition de signaux :

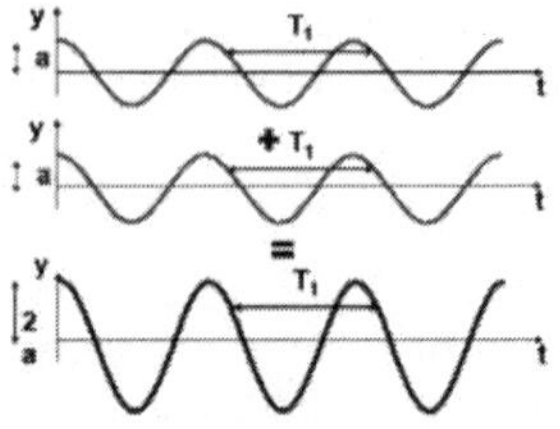

Phases et fréquences identiques

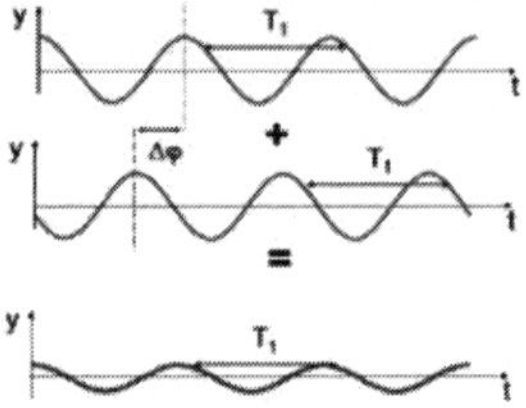

Fréquences identiques, phases différentes

Proposition a

On peut dire que l'émission laser se caractérise par une grande largeur spectrale car la lumière monochromatique émise est d'une grande intensité :

FAUX : C'est une émission présentant à la fois une cohérence spatiale et une cohérence temporelle:

- émission monodirectionnelle, de faible divergence et de phase identique ;
- émission monochromatique avec une largeur spectrale faible.

Ces 2 cohérences permettent une densité de puissance élevée Les termes « grande largeur spectrale » et « lumière monochromatique » sont par ailleurs antinomiques.

Inversion de population

Considérons le modèle atomique de Bohr : Un photon incident, dont l'énergie est suffisante ($h\nu 1 \geq E_L - E_K$) pourra être absorbé, l'énergie perdue permettant le passage d'un électron de la couche K à la couche L (apport extérieur d'énergie).

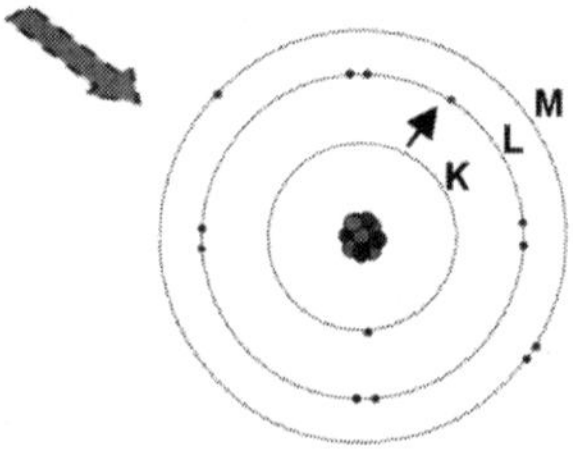

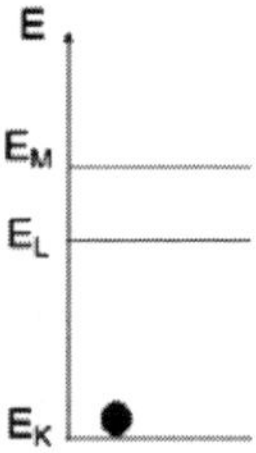

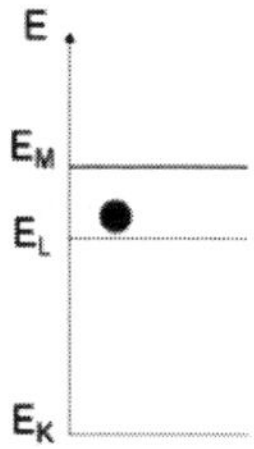

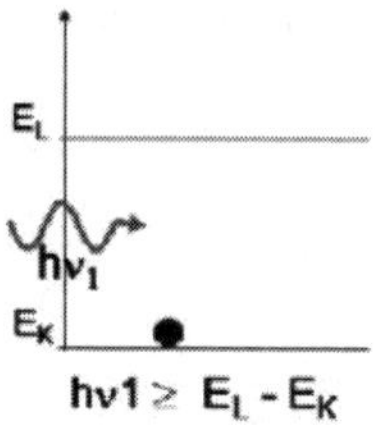

Le retour à l'équilibre (retour de l'électron sur la couche K), avec libération d'énergie sous forme de photon (émission) peut se produire selon plusieurs modes :

L'émission peut être spontanée : émission de photons de directions ou de phases quelconques

L'émission peut être stimulée : émission de photons en phase et dans une même direction

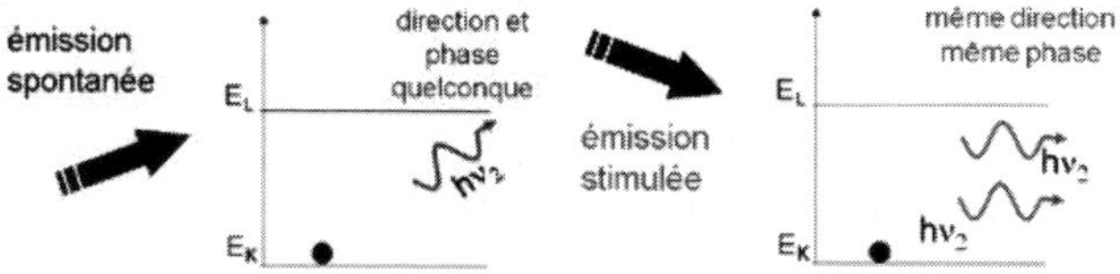

Il ne faut pas que les atomes retombent **spontanément** au niveau inférieur avant intervention de la stimulation.

Dans une population **normale** (électrons du cortège en majorité sur leur couche électronique habituelle) , un photon qui interagit disparaît par absorption

Dans une **population « inversée »** (électrons du cortège ayant transité en majorité sur une autre couche électronique), l'arrivée d'un photon d'énergie adaptée provoque une émission stimulée

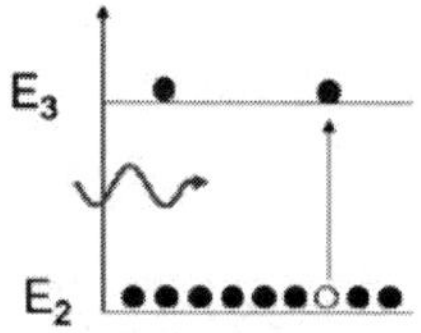

Population normale

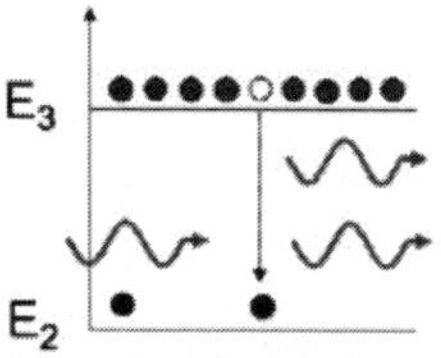

Population inversée

Proposition b

L'inversion de population est une condition indispensable à une émission stimulée

VRAI

Procédés de pompage : Les procédés d'inversion de population sont appelés procédés de « pompage » et sont variés : décharges électriques, optique : éclairs lumineux, passage de courant, collisions, chimique photodissociation, tri par gradient électrique ou magnétique (masers)…

Exemple : le pompage optique

Le processus d'amplification lumineuse est le suivant : chaque photon « stimule » l'émission de nouveaux photons, tous en phase. En plusieurs allers-retours entre les deux miroirs, une sélection de direction s'opère. Seuls les photons alignés selon l'axe vont rester dans la cavité. Quand le signal est suffisamment intense, le miroir de sortie laisse passer le faisceau.

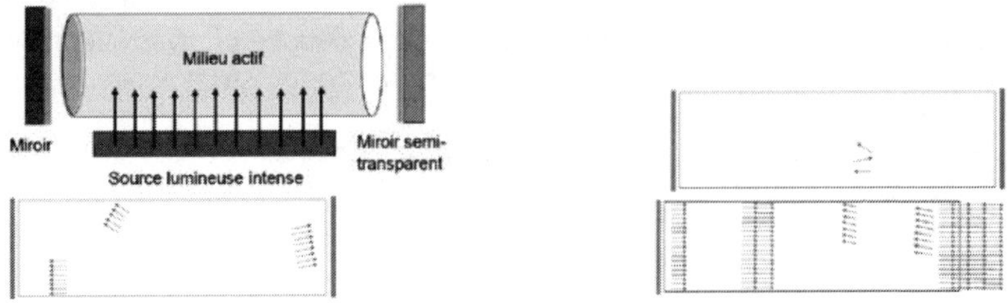

Proposition c

Les procédés de « pompage » enlèvent l'énergie excédentaire du photon incident avant son absorption par l'atome

FAUX

Lasers à 3 niveaux -Lasers à 4 niveaux

Les modèles à 3 niveaux et à 4 niveaux se différencient par le mode de retour (en 2 ou 3 étapes) sur le niveau initial après une transition s'effectuant directement d'un niveau d'énergie E1 à un niveau E3.

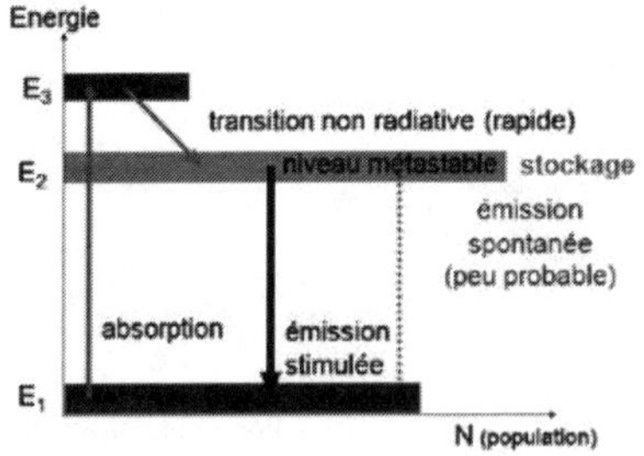

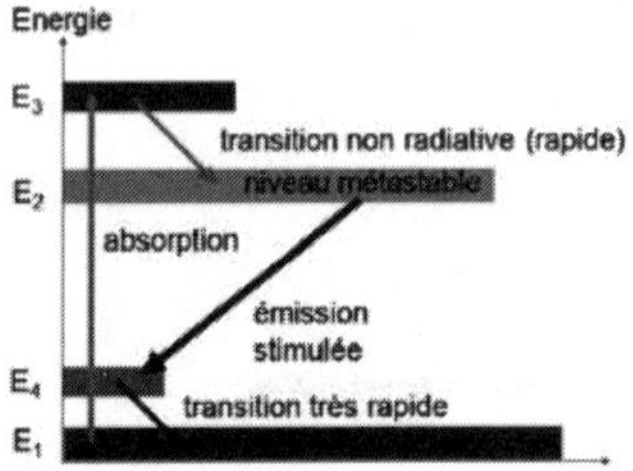

Pour les modèles à 3 niveaux le mode de retour s'effectue en 2 étapes vers le niveau initial, après une transition s'effectuant directement d'un niveau d'énergie E1 à un niveau E3 : le passage de E2 (niveau métastable) vers E1 correspond à l'émission stimulée.

Pour les modèles à 4 niveaux, le retour s'effectue en 3 étapes. Le passage de E2 (niveau métastable) vers E4 correspond à l'émission stimulée, avant le retour sur le niveau initial E1, d'énergie inférieure à E4.

Proposition d

Dans les lasers à 3 niveaux, l'émission stimulée se produit entre les 2 niveaux énergétiques les moins élevés.

VRAI

Proposition e

Dans les lasers à 4 niveaux, l'émission stimulée se produit entre les 2 niveaux énergétiques les plus élevés.

FAUX : dans les lasers à 4 niveaux, c'est le passage de E2 (niveau métastable) vers E4, qui correspond à l'émission stimulée, après transition rapide non radiative de E3 vers E2, E3 étant d'énergie plus élevée que E2 produit entre les 2 niveaux énergétiques les plus élevés.

QCM Solutions

1. **Quelle est, en électron-volts (eV), l'énergie d'une lumière dont la longueur d'onde dans le vide est de 500 nm ? (une seule réponse). On donne : vitesse de la lumière c = 3 10^8 m/s; constante de Planck h = 6,626 10^{-34} J.s**

   a. VRAI
   b. Car

   $$E = h\nu = h\frac{c}{\lambda}$$

   $$E = 6{,}6 \cdot 10^{-34} \frac{3 \cdot 10^8}{500 \cdot 10^{-9}} = 0{,}0396 \cdot 10^{-17} \text{J}$$

   $$E = \frac{0{,}0396 \cdot 10^{-17}}{1{,}6 \cdot 10^{-19}} = 2{,}48 \text{eV}$$

   c. FAUX
   d. FAUX
   e. FAUX
   f. FAUX

2. L'expérience des « Fentes d'Young »

a. permet d'obtenir des interférences lumineuses VRAI
b. permet d'obtenir deux ondes lumineuses émises en phase FAUX
c. permet d'obtenir des franges successivement claires et sombres au niveau des sources secondaires FAUX
d. plus les fentes sont éloignées l'une de l'autre, plus les franges sont rapprochées VRAI
e. plus les fentes sont rapprochées l'une de l'autre, plus les franges sont rapprochées FAUX

3.

a. L'indice absolu de réfraction d'un milieu matériel transparent dépend de l'angle d'incidence FAUX
b. L'indice relatif de réfraction d'un milieu matériel transparent dépend de l'angle d'incidence FAUX
c. Selon les lois de Snell-Descartes, l'angle de réfraction est toujours égal à l'angle d'incidence FAUX
d. Un dioptre est une surface séparant 2 milieux de même indice absolu de réfraction FAUX
e. Dans l'approximation de Gauss, les rayons considérés sont fortement inclinés par rapport à l'axe optique FAUX

4.

a. Les rayons qui passent par le centre d'un dioptre sphérique ne sont pas déviés VRAI
b. Le point focal objet est le conjugué du point focal image FAUX
c. Le conjugué d'un objet réel est obligatoirement une image réelle FAUX
d. Si le conjugué d'un objet réel est une image virtuelle, ils se situent tous les deux dans l'espace objet VRAI
e. Lorsqu'un dioptre est divergent, son foyer image est réel FAUX

Notes

CHAPITRE 2
RAYONNEMENT PARTICULAIRE

Stabilité des noyaux - Emissions radioactives

Le potassium naturel (K) est composé de trois isotopes de nombre de masse 39, 40 et 41. Seul l'isotope 40 est radioactif et l'on observe le schéma de désintégration suivant :

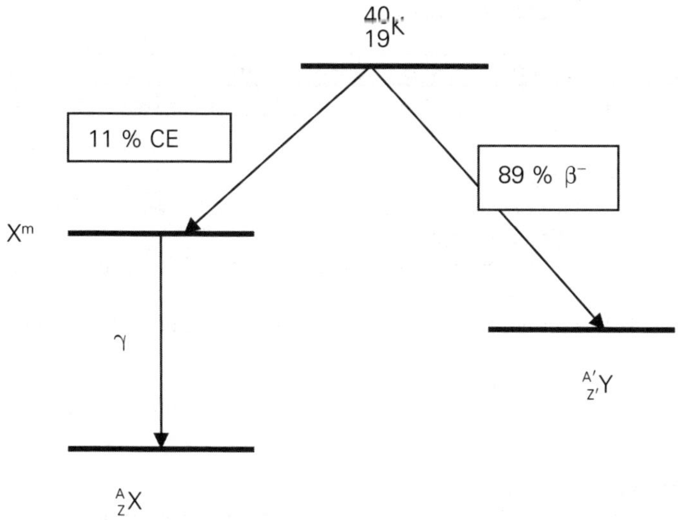

Données :

- Masses atomiques :
  - m_X = 39,962384 uma
  - m_Y = 39,962589 uma
  - $m_{^{39}K}$ = 38,963710 uma
  - $m_{^{41}K}$ = 40,961832 uma
- $m_{^1_1H}$ = 1,007825 uma
- $m_{^1_0n}$ = 1,008665 uma

- m_e = 0,000548 uma
  (on négligera dans les calculs l'énergie de liaison des électrons atomiques)
- 1 uma = 931,5 $MeV.c^{-2}$
- Nombre d'Avogadro : N_A = 6,02. 10^{23} mol^{-1}
- $E_{max\ \beta-}$ = 1,32 MeV
- E_γ = 1,46 MeV
- Proportions atomiques du potassium naturel :
  93,1 % ^{39}K, 6,88 % ^{41}K et 0,02 % ^{40}K
- Période du ^{40}K : T = 1,29.10^9 ans
- Constante de Planck : 6,6.10^{-34} J.s
- Charge élémentaire : e = 1,6.10^{-19} C
- Vitesse de la lumière : c = 3.10^8 $m.s^{-1}$
- Numéro atomique de quelques éléments :

Elément	Chlore	Argon	Potassium	Calcium	Scandium
Z	17	18	19	20	21

QCM

a. Le numéro atomique Z de l'élément X est 18 et celui Z' de l'élément Y est 20
b. Le nombre de masse A de l'élément X est identique à A' de l'élément Y
c. L'énergie de liaison par nucléon de l'élément Y est de : 6,55 MeV/nucléon
d. L'élément Y est stable
e. La masse du potassium naturel est de 39,102 u.m.a.

Généralités :

Un nucléide X est un noyau atomique caractérisé par le nombre de protons et de neutrons qu'il contient.

Il est noté : $^A_Z X$

Le nombre de protons noté Z correspond au numéro atomique. Le nombre de masse A est le nombre total de nucléons (protons et neutrons). Le nombre de neutrons N est égal à (A - Z).

Les isotopes sont les nucléides ayant le même nombre de protons (même numéro atomique Z) mais un nombre de neutrons différent.

Un atome possède autant d'électrons que de protons, ce qui explique sa neutralité électrique.

Pour un même élément, on trouve, dans la nature, différents nucléides possédant des nombres de neutrons différents.

Certains nucléides instables peuvent se désintégrer en émettant des particules : ce sont des nucléides radioactifs.

Il existe différents types de **transformations ou transitions radioactives** :

- **L'émission α** (émission d'un noyau d'Hélium $^{4}_{2}He$)

$${}^{A}_{Z}X \rightarrow {}^{A-4}_{Z-2}Y + {}^{4}_{2}He$$

- L'émission β^- (émission d'un électron) :

$${}^{A}_{Z}X \rightarrow {}_{Z+1}^{A}Y + {}_{-1}^{0}e + \bar{\nu}$$ ($\bar{\nu}$ antineutrino de masse et charge nulles)

Condition énergétique : la désintégration n'est possible que si Q (énergie « libérée » au cours de la réaction) est positive ; la masse atomique de l'élément « père » est supérieure à celle de l'élément « fils »

$$M_{{}^{A}_{Z}X} \cdot c^2 \rangle M_{{}_{Z+1}^{A}Y} \cdot c^2$$

- **L'émission β'** (émission d'un positon)

$${}^{A}_{Z}X \rightarrow {}_{Z-1}^{A}Y + {}_{+1}^{0}e + \nu$$ (ν neutrino de masse et de charge nulles)

Condition énergétique : la désintégration n'est possible que si Q (énergie « libérée » au cours de la réaction) est positive ; la masse atomique de l'élément « père » est supérieure à celle de l'élément « fils » additionnée de 2 fois la masse de l'électron

$$M_{{}^{A}_{Z}X} \cdot c^2 \rangle \left(M_{{}_{Z-1}^{A}Y} + 2m_e\right) \cdot c^2$$

ou

$$\Delta M \cdot c^2 \rangle 2m_e \cdot c^2$$

$$\Delta M \cdot c^2 \rangle 1{,}02MeV$$

- **La capture électronique** (d'un électron du cortège électronique le plus souvent de la couche K)

$${}^{A}_{Z}X + {}_{-1}^{0}e \rightarrow {}_{Z-1}^{A}Y + \nu$$

Condition énergétique : la réaction n'est possible que si

$$\left(M_{{}^{A}_{Z}X} + m_e\right) c^2 \rangle \left(M_{{}_{Z-1}^{A}Y}\right) \cdot c^2$$

ou (W est l'énergie de liaison de l'électron capturé)

$$\left(M_{{}^{A}_{Z}X} - M_{{}_{Z-1}^{A}Y}\right) c^2 \rangle W$$

Suite aux désintégrations α ou β, le noyau fils obtenu peut se trouver dans un état excité ; le retour à l'état fondamental s'accompagne alors soit d'un **rayonnement γ**, soit d'un phénomène de **conversion interne** au cours duquel l'énergie du noyau excité est transférée à un électron atomique alors expulsé du nuage électronique. Il s'en suivra des réarrangements électroniques.

Propositions a et b

Le numéro atomique Z de l'élément X est 18 et celui Z' de l'élément Y est 20

Le nombre de masse A de l'élément X est identique à A' de l'élément Y

VRAI car :

Les différentes désintégrations radioactives suivent des lois de conservation :

- Conservation du nombre de nucléons (nombre de masse)
- Conservation de la charge électrique (numéro atomique)
- Conservation de l'énergie

La désintégration β^- a pour équation bilan :

$$ {}^{40}_{19}K \rightarrow {}^{0}_{-1}e + {}^{A'}_{Z'}Y + {}^{0-}_{0}\nu $$

$$ \begin{cases} 40 = 0 + A' \\ \text{et} \\ 19 = -1 + Z' \end{cases} \quad \text{d'où} \quad \begin{cases} A' = 40 \\ \text{et} \\ Z' = 20 \end{cases} $$

$$ {}^{40}_{19}K \rightarrow {}^{0}_{-1}e + {}^{40}_{20}Y + {}^{0-}_{0}\nu $$

Le Z de l'élément Y est 20 correspondant à l'élément Calcium (Ca) d'après le tableau donné dans l'énoncé du QCM.

La désintégration par capture électronique (CE) a pour équation bilan :

$$ {}^{40}_{19}K + {}^{0}_{-1}e \rightarrow {}^{A'}_{Z'}X^m + {}^{0}_{0}\nu \ (\nu \text{ neutrino}) $$

Suivie de l'émission γ par désexcitation de X^m

$$ {}^{A'}_{Z'}X^m \rightarrow {}^{A'}_{Z'}X + {}^{0}_{0}\gamma $$

$$ \begin{cases} 40 + 0 = A' \\ \text{et} \\ 19 - 1 = Z' \end{cases} \quad \text{d'où} \quad \begin{cases} A' = 40 \\ \text{et} \\ Z' = 18 \end{cases} $$

$$ {}^{40}_{19}K + {}^{0}_{-1}e \rightarrow {}^{40}_{18}X^m + {}^{0}_{0}\nu \ (\nu \text{ neutrino}) $$

Suivie de l'émission γ par désexcitation de X^m

$$ {}^{40}_{18}X^m \rightarrow {}^{40}_{18}X + {}^{0}_{0}\gamma $$

Le Z de l'élément X est 18 correspondant à l'élément Argon (Ar) d'après le tableau donné dans l'énoncé du QCM.

Le nombre de masse A est identique à A′ et égal à 40 : il s'agit de transformations isobariques.
Le schéma de désintégration est alors :

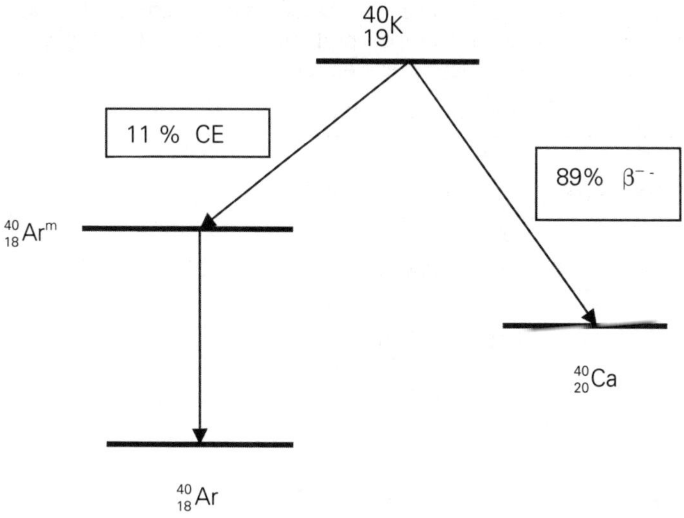

Remarque
Dans un schéma de désintégration l'orientation de la flèche de désintégration indique le sens de variation du numéro atomique Z : l'orientation vers la gauche indique une diminution du numéro atomique, vers la droite elle indique une augmentation.

Proposition c
L'énergie de liaison par nucléon de l'élément Y est de : 6,55 MeV/nucléon.
FAUX car :
L'énergie de liaison d'un noyau (E_1) correspond à l'énergie qu'il faut fournir pour séparer tous les nucléons de ce noyau :

$$E_1 = E_{\text{nucléons dispersés}} - E_{\text{interne du noyau}}$$

La masse du noyau est donc inférieure à la somme des masses de ses constituants (la masse ne se conserve pas, mais l'énergie totale se conserve).
La différence de masse s'appelle défaut de masse.
L'énergie de liaison s'exprime en général en énergie par nucléon : $\frac{E_1}{A}$ et elle est de l'ordre de 8 MeV/nucléon.
$E_1 = \Delta m \cdot c^2$ (Δ défaut de masse et c célérité de la lumière)

$$E_1 = \left[(Zm_p + (A-Z)m_n) - \left(m\left({}^A_ZY\right) - Zm_e\right)\right]c^2$$

$m({}^A_ZY)$ est la masse atomique de l'élément Y. Pour obtenir la masse du noyau, il faut donc soustraire la masse des électrons (le nombre d'électrons est égal au nombre de protons donc à Z). On néglige ici la perte de masse due à la liaison des électrons.

$$\frac{E_1}{A} = \frac{\left[(Zm_p + (A-Z)m_n) - \left(m\left({}^A_ZY\right) - Zm_e\right)\right]c^2}{A}$$

$$\frac{E_1}{A} = \frac{\left[(20m_p + 20m_n) - \left(m\left({}^A_ZY\right) - 20m_e\right)\right]c^2}{A}$$

$$\frac{E_1}{A} = \frac{\left[(20x1,007825 + 20x1,008665) - (39,962589 - 20x0,000549)\right]x931,5}{40}$$

$$\frac{E_1}{A} = \frac{(40,3298 - 39,951609)x931,5}{40}$$

$$\frac{E_1}{A} = 8,8 MeV / nucléon$$

Proposition d

L'élément Y est stable.

VRAI car :

L'élément Y correspond au Calcium. Le noyau de Calcium est particulièrement stable : le nombre de protons pour le Calcium est égal au nombre de neutrons (20). Il fait partie de la série des nombres dits « magiques » (2, 8, 20, 50, 82, 126) qui correspond à des noyaux ayant des couches complètes de neutrons ou protons.

Proposition e

La masse du potassium naturel est de 39,101 u.m.a.

VRAI car :

Compte tenu des proportions atomiques du potassium naturel,

$$m_{naturel_K} = 0,931 \cdot m_{39_K} + 0,0688 \cdot m_{41_K} + 0,0002 \cdot m_{40_K}$$

m_{39_K} et m_{41_K} sont connus ; m_{40_K} est calculée d'après l'équation-bilan de la désintégration $^-$:

$${}^{40}_{19}K \rightarrow {}^{0}_{-1}e + {}^{40}_{20}Y + {}^{0}_{0}\bar{\nu}$$

$E_{max\ \beta-}$ = 1,32 MeV

L'énergie libérée $E_{max\ \beta-}$ est égale à $\Delta m \cdot c^2$

$$E_{max\ \beta-} = \left(m_{40_K} - m_Y\right)c^2$$

$$m_{^{40}K} = m_Y - \frac{E_{max\beta^-}}{931,5}$$ pour exprimer $m_{^{40}K}$ en u.m.a.

$$m_{^{40}K} = 39,962589 - \frac{1,32}{931,5}$$

$$m_{^{40}K} = 39,964006 \text{ u.m.a.}$$

La masse du potassium 40 ($^{40}_{19}K$) est de 39,964006 u.m.a.

$$m_{naturel_K} = 0,931x38,963710 + 0,0688x40,961832 + 0,0002x39,964006$$

$$m_{naturel_K} = 39,10138 \text{ u.m.a soit } 39,101 g.mol^{-1}$$

Remarque : l'unité de masse atomique (u) est par convention le douzième de la masse d'un atome de l'isotope du carbone de masse atomique 12 :

$$1u = \frac{1x12 \cdot 10^{-3}}{12x6,02 \cdot 10^{23}} = 1,66 \cdot 10^{-27} kg$$

Exprimée en grammes l'unité de masse atomique est l'inverse du nombre d'Avogadro : $1u = \frac{1}{N_A}$

Décroissance radioactive

QCM

a. La longueur d'onde du photon γ émis lors du passage de l'état métastable X^m à l'état X vaut 9,38 µm
b. La constante radioactive du potassium 40 est $5,37.10^{-10}$ année^{-1}
c. Sachant que le sang contient 0,2 g de potassium naturel par kg, l'activité du potassium 40 par kg de sang est de 10,5 Bq
d. L'activité du potassium 40 après 10 périodes est de 1,05 Bq
e. La masse de potassium 40 correspondant à l'activité de 10,5 Bq est de 0,04 mg

Généralités

Les noyaux radioactifs d'un élément donné se désintègrent (ou se transmutent) de façon aléatoire. La modélisation de cet événement est décrite par une loi de Poisson. La probabilité de désintégration de chaque noyau est appelée constante radioactive λ. Si N est le nombre de noyaux radioactifs présent à l'instant t, la variation dN pendant l'instant dt (entre t et t + dt) s'écrit :

$dN = -\lambda N \cdot dt$ ou $-\frac{dN}{dt} = \lambda N$ qui s'intègre :

$N_{(t)} = N_0 e^{-\lambda t}$ N_0 est le nombre de noyaux au temps t = 0

$-\frac{dN}{dt}$ est le nombre de désintégrations par unité de temps ou activité A

$A=\lambda N$ A a pour unité le Becquerel (Bq) ou désintégration par seconde

Le nombre de noyaux d'un échantillon radioactif décroît de façon exponentielle : $N_{(t)} = N_0 e^{-\lambda t}$

Si l'on trace la courbe sur papier semi-logarithmique, c'est une droite de pente égale à $-\lambda$ et d'ordonnée à l'origine $\ln N_0$

La période T ou demi-vie du radioélément est le temps au bout duquel la moitié des noyaux initialement présents s'est désintégrée ; elle s'exprime en fonction de la constante radioactive λ :

$$T = \frac{\ln 2}{\lambda}$$

Dans le système international, T s'exprime en seconde et λ en seconde^{-1}.

La durée de vie moyenne τ est donnée par l'expression : $\tau = \frac{1}{\lambda}$

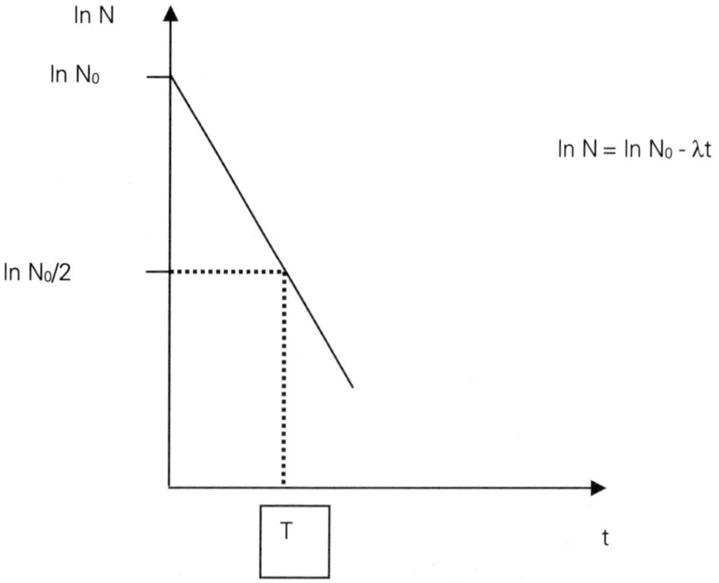

Lorsque l'isotope radioactif se désintègre en produisant un élément lui-même radioactif, il s'agit d'une **filiation radioactive**.
A titre d'exemple si l'on considère la filiation suivante :
X_A noyau père radioactif → X_B noyau fils radioactif → X_C noyau stable
Si à $t = 0$, $N_A = N_{A0}$, $N_B = N_C = 0$, la loi de variation de A est :

$$N_A = N_{A_0} e^{-\lambda_A t}$$

et la loi de variation de B est liée d'une part à la production à partir de X_A de noyaux X_B et d'autre part à la désintégration radioactive de X_B en X_C :

$$dN_B = \lambda_A N_A dt - \lambda_B N_B dt$$

$$\frac{dN_B}{dt} = \lambda_A N_A e^{-\lambda t} + \lambda_B N_B$$

La résolution de l'équation différentielle donne l'expression suivante :

$$N_B(t) = N_{A_0} \frac{\lambda_A}{\lambda_B - \lambda_A}(e^{-\lambda_A t} - e^{-\lambda_B t})$$ et

$$A_B(t) = A_{A_0} \frac{\lambda_B}{\lambda_B - \lambda_A}(e^{-\lambda_A t} - e^{-\lambda_B t})$$

Lorsque $\lambda_A < \lambda_B$ ($T_A > T_B$) l'équilibre est dit « de régime » : le rapport des 2 activités A_A et A_B tend vers une constante après un temps suffisamment long.
Lorsque $\lambda_A << \lambda_B$ ($T_A >> T_B$), l'équilibre est dit « séculaire » : les activités A_A et A_B sont égales.

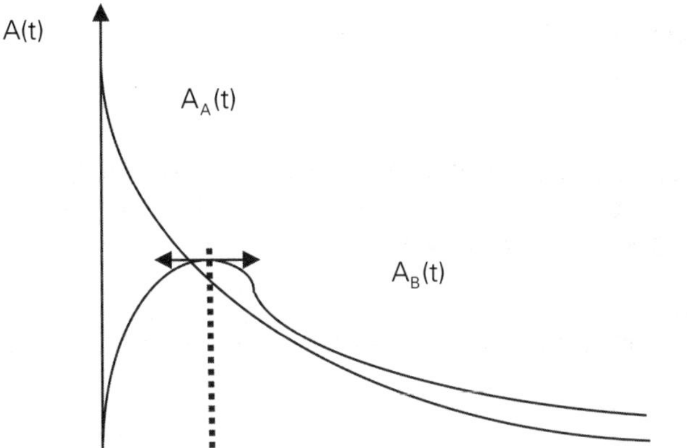

L'activité du noyau fils est maximale à $t = t_m$ pour

$$\frac{dA_A}{dt} = 0 \rightarrow \lambda_A N_A = \lambda_B N_B$$

L'expression de t_m est alors: $t_m = \dfrac{\ln\dfrac{\lambda_B}{\lambda_A}}{\lambda_B - \lambda_A}$

Proposition a

La longueur d'onde du photon γ émis lors du passage de l'état métastable X^m à l'état X vaut 8,48 µm

FAUX car :

Le noyau ${}^A_Z X^m$ excité se désexcite en donnant le même noyau ${}^A_Z X$ au repos avec émission d'un rayonnement γ.

L'énergie du photon γ émis est donnée par l'expression :

$$E_\gamma = E_i - E_f = h\nu = h\frac{c}{\lambda}$$

E_i énergie du noyau à l'état initial,

E_f énergie du noyau à l'état final,

h constante de Planck,

ν fréquence du photon γ,

c célérité de la lumière,

λ longueur d'onde du photon γ.

$$\lambda = \frac{hc}{E_\gamma}$$

$$\lambda = \frac{6{,}6.10^{-34} x 3.10^8}{1{,}46.10^6 x 1{,}6.10^{-19}}$$

$$\lambda = 8{,}48.10^{-9} \text{m ou } 8{,}48 \text{ nm}$$

/!\ Attention : ici λ s'exprime en mètre car représente la longueur d'onde du rayonnement γ et non la constante radioactive ou probabilité de désintégration de chaque noyau.

Proposition b

La constante radioactive du potassium 40 est : $5{,}37.10^{-10}$ année^{-1}

VRAI car :

$$\lambda = \frac{Ln2}{T}$$

$$\lambda = \frac{0{,}693}{1{,}29.10^9} = 0{,}537.10^{-9}$$

$$\lambda = 5{,}37.10^{-10} \text{année}^{-1} \text{ car T est en années}$$

Proposition c

Sachant que le sang contient 0,2 g de potassium naturel par kg, l'activité du potassium 40 par kg de sang est de 10,5 Bq

VRAI car :

$$A=\lambda N$$

$$A=\frac{\ln 2}{T}xN$$

On calcule nombre de noyaux de potassium 40 radioactif N par kg de sang :

Le nombre de noyaux (ou d'atomes) de potassium naturel dans 0,2 g est de :

$\frac{N_A}{39,101}x0,2$ (N_A nombre d'Avogadro)

La proportion atomique du potassium 40 dans le potassium naturel est de 0,02 % donc le nombre N de noyaux de potassium 40 radioactif par kg de sang est de :

$$\frac{N_A}{39,101}x0,2x0,0002$$

soit $\frac{6,02.10^{23}}{39,101}x0,00004 = 6,16.10^{17}$ noyaux radioactifs par kg de sang

$$A = \frac{0,693}{1,29.10^{9}.365.24.3600}x6,16.10^{17}$$

La période T est en année ($T = 1,29.10^9$ ans) ; elle est ici convertie en seconde pour obtenir une activité en désintégrations par seconde ou Bq

$A = 10,5Bq$

Proposition d

L'activité du potassium 40 après 10 périodes est de 1,05 Bq

FAUX car :

Au bout de n périodes (t = nT),

$$A_{(t)} = A_0 e^{-\lambda t} = A_0 e^{-\frac{Ln2}{T}.nT}$$

$$A_t = \frac{A_0}{2^n}$$

$$A = \frac{10,5}{2^{10}} = \frac{10,5}{1024} \approx \frac{10,5}{1000}$$

$A = 0,01Bq$

Proposition e

La masse de potassium 40 correspondant à l'activité de 10,5 Bq est de 0,04 mg

VRAI car :

Si N est le nombre de noyaux de potassium 40 contenus dans la source de potassium 40 de masse m et M la masse molaire d'un noyau de potassium 40 alors :

$$m = N x \frac{M}{N_A}$$

Avec :

$$A = \lambda N$$

ou

$$N = \frac{A}{\ln 2} x T$$

$$m = \frac{A}{\ln 2} x T x \frac{M}{N_A}$$

$$m = \frac{10,5}{\ln 2} x 1,29.10^9.365.24.3600 x \frac{40}{6,02.10^{23}}$$

$$m = 0,04.10^{-3} g$$

(la période T est convertie en seconde car l'activité A est en Bq ou désintégration par seconde, la masse molaire M du potassium 40 est égale à 40 $g.mol^{-1}$)

m = 0,04 mg

Autres QCM

1. **Parmi les réactions nucléaires ci-après lesquelles sont impossibles ?**

   a. $e^- + e^+ \rightarrow \gamma + \gamma$
   b. $e^- + e^+ \rightarrow p^+ + \gamma + \overline{\nu}$
   c. $p^+ + \nu \rightarrow e^- + \overline{\nu}$
   d. $n + \nu \rightarrow p^+ + e^-$
   e. $p^+ + n \rightarrow e^+ + e^-$

2. Le noyau de ^{6}Li a un défaut de masse de $5,7.\ 10^{-29}$ kg.
L'énergie de liaison par nucléon de ce noyau est :

a. $5,13.10^{-12}$ J
b. 32 MeV
c. 5,33 MeV
d. $5,13.\ 10^{-12}$ eV
e. $8,5.\ 10^{-13}$ J

3. L'évolution d'un corps radioactif est caractérisée par les équations suivantes :

a. $dN = -\lambda A \cdot dt$
b. $dA = -\lambda N \cdot dt$
c. $dN = -\lambda N \cdot dt$
d. $A_{(t)} = N_0 e^{-\lambda t}$
e. $N_{(t)} = N_0 e^{-\lambda t}$

4. Dans une filiation radioactive à deux corps (1 se transforme en 2, 2 est stable)

a. $N_{2(t)} = N_{1_0}\left(1 - e^{-\lambda_1 t}\right)$
b. $N_{2(t)} = N_{1(t)} \cdot e^{-\lambda_2 t}$
c. $N_{1(t)} = N_{1_0} \cdot e^{-\lambda_1 t}$
d. $A_{1(t)} = A_{1_0} \cdot e^{-\lambda_1 t}$
e. $N_{2(t)} = N_{1_0} e^{-\lambda_2 t}$

5. Un échantillon radioactif de ^{99}Tc de période $T = 2,1.10^{5}$ années présente une activité de 1kBq.
Quelle est la masse de cet échantillon ?

a. $4,98.10^{-14}$g
b. $4,98.10^{-14}$kg
c. $1,1.10^{-6}$g
d. $1,57.10^{-6}$g
e. $1,1.10^{-6}$kg

QCM Solutions

1. Parmi les réactions nucléaires ci-après lesquelles sont impossibles ?

   a. FAUX
   b. VRAI
   c. VRAI
   d. FAUX
   e. VRAI

2. Le noyau de ^{6}Li a un défaut de masse de 5,7. 10^{-29} kg.

   L'énergie de liaison par nucléon de ce noyau est :

   a. VRAI

$$E = \Delta m \cdot c^2$$

car $$E = 5{,}7.10^{-29} \cdot (3.10^8)^2$$

$$E = 5{,}13.10^{-12}\,J$$

   b. VRAI

car $$E = \frac{5{,}13.10^{-12}}{1{,}6.10^{-12}} = 3{,}2.10^7\,eV \text{ soit } 32\ MeV$$

   c. FAUX
   d. FAUX
   e. FAUX

3. L'évolution d'un corps radioactif est caractérisée par les équations suivantes :

   a. FAUX
   b. FAUX
   c. VRAI
   d. FAUX
   e. VRAI

4. Dans une filiation radioactive à deux corps (1 se transforme en 2, 2 est stable)

   a. VRAI
   b. FAUX
   c. VRAI
   d. VRAI
   e. FAUX

5. Un échantillon radioactif de ^{99}Tc de période T = 2,1.10⁵ années présente une activité de 1kBq. Quelle est la masse de cet échantillon ?

a. FAUX
b. FAUX
c. FAUX
d. VRAI

$$m = \frac{MxN}{N_A} = \frac{Mx\frac{A}{\lambda}}{N_A} = \frac{Mx\frac{A \cdot T}{\ln 2}}{N_A} = \frac{MxAxT}{\ln 2 \cdot N_A}$$

car $$m = \frac{99x1000x2,1.10^5x365x24x3600}{0,693x6,0.10^{23}}$$

$$m = 1,57.10^{-6} g$$

(l'activité s'exprime en Bq ou désintégration par seconde et la période T est donc convertie en seconde)

e. FAUX

Notes

CHAPITRE 3
INTERACTIONS DES RAYONNEMENTS AVEC LA MATIERE

Interactions des particules chargées avec la matière

Problème :

Une particule α de 5,3 MeV a un parcours moyen dans l'eau d'environ 40 µm. Calculez

a. Le transfert linéaire d'énergie (TLE) de cette particule chargée lourde.
b. Sa densité linéïque d'ionisation (DLI) dans l'air (en sachant que l'énergie d'ionisation de l'air est de 34 eV).

Solution

1. On sait que (cours) :

$$TLE = -\frac{dE}{dx}$$

Dans notre exercice :

$$TLE = -\frac{dE}{dx} = \frac{5300}{40} \approx 130 keV/\mu m$$

2. On sait que la densité linéïque d'ionisation (DLI = nb d'ionisation / unité de longueur) est reliée au TLE par la relation :

$$DLI = \frac{TLE}{w}$$

avec : w ionisation spécifique (énergie par ionisation dans le milieu traversé)

Dans notre exercice :

$$DLI = \frac{TLE}{w} = \frac{100.10^3}{34} \approx 3800 \text{ ionisations}/\mu m$$

Généralités

Phénomènes élémentaires

Une particule chargée qui passe au voisinage d'un atome peut interagir (interaction coulombienne) avec le cortège électronique (« collisions ») ou avec le noyau (« freinages ») en lui conférant une partie de son énergie cinétique. A chaque interaction, l'énergie cinétique de la particule chargée diminue et son trajet se réduit jusqu'à l'arrêt définitif.

Interaction avec un électron de l'atome cible (collisions)

Lorsque l'énergie transférée (E) est supérieure à l'énergie de liaison de l'électron (E_e), l'électron cible est éjecté de son orbite (**ionisation** directe de l'atome cible). L'électron éjecté (secondaire) emportera une énergie cinétique ($E_c = E - E_e$) susceptible d'aller créer d'autres ionisations.
Lorsque E est inférieure à E_e, l'électron cible sera porté à un niveau énergétique supérieur (**excitation** de l'atome cible). L'atome retournera à son état stable et l'énergie transférée sera dissipée sous forme d'une émission électromagnétique peu énergétique ou thermique.

Interaction avec le noyau de l'atome cible (freinages)

La particule incidente, chargée, sous l'effet des interactions électrostatiques avec le noyau, est déviée de sa trajectoire. L'énergie cinétique perdue est émise sous forme de rayonnement électromagnétique dit « de freinage » ou Bremsstrahlung (ce phénomène est à la base de la production des rayons X).
On aura alors :

$$E_b = E_i - E_d$$

avec : E_b énergie des photons émis par Bremsstrahlung (h)
E_i énergie cinétique de la particule incidente
E_d énergie cinétique de la particule déviée

Transfert linéaire d'énergie

Le transfert linéaire d'énergie (TLE), ou transfert d'énergie linéique est la quantité d'énergie transférée au milieu par la particule incidente, par unité de longueur de la trajectoire (habituellement en keV/µm) :

$$TLE = -\frac{dE}{dx} \alpha z^2 \frac{m}{E} \cdot N \alpha \frac{z^2}{\nu^2} n \cdot Z$$

avec : dE énergie perdue
dx distance
z charge, m masse, E énergie, v vitesse de la particule incidente
N nombre d'électrons du milieu par unité de volume :
n nombre d'atomes de matière par unité de volume
Z numéro atomique de la matière traversée

Densité linéaire d'ionisation

La densité linéaire d'ionisation (DLI) est le nombre d'ionisations crées par unité de longueur de trajectoire de la particule (en paires d'ions/µm). La DLI est liée au TLE :

$$TLE = DLI \cdot w$$

avec : w énergie moyenne nécessaire pour obtenir une ionisation dans le milieu traversé ; w ne dépend que du milieu traversé (34 eV pour l'air).

Parcours de la particule

Les interactions entre particule chargée et milieu ayant un caractère aléatoire, le trajet de cette particule sera déterminé de façon statistique :

$$\int_0^R dx = \int_0^{E_0} \frac{1}{TLE} dE$$

La longueur totale R (somme des trajets) est donc :

$$R = \frac{E}{TLE}$$

Afin d'évaluer les moyens de protection des rayonnements ionisants il est important de connaître la profondeur de pénétration (parcours moyen ou portée, distance maximale pour laquelle toutes les particules sont arrêtées par ionisation), P, des différentes particules dans un milieu. Elle dépend du type de la particule, de son énergie incidente E et de la densité électronique du matériel traversé Z.

$$P \alpha \frac{E}{Z}$$

Cas particuliers

Electrons et positons

Ces particules proviennent des émissions , des cortèges électroniques d'atomes du milieu interagissant par ionisations avec des rayonnements incidents, des accélérateurs de particules.

Le TLE est faible pour ces particules. L'ionisation est plus efficace lorsque l'énergie cinétique des électrons est faible. Les électrons sont freinés plus facilement dans l'eau que dans l'air (densité inférieure).
Les trajectoires de ces particules sont des lignes brisées dont les changements de direction correspondent à des transferts d'énergie (par collisions ou freinages).
Le parcours moyen est variable, mais correspond à environ la moitié de la longueur des trajectoires : la portée ne dépasse pas dans l'air quelques m, dans l'eau et les tissus mous quelques mm.

Particules chargées lourdes
Il s'agit de particules beaucoup plus massives que l'électron, comme les protons, les deutons, les hélions (ou particule), d'origine naturelle ou artificielle.
Les interactions avec la matière se font principalement avec les électrons (plus nombreux), mais les transferts d'énergie auront moins d'influence sur leurs trajectoires et il n'y a pas de rayonnement de freinage.
TLE et DLI sont élevés pour ces particules qui, à énergie égale, sont plus lentes que les électrons.
Les trajectoires de ces particules, qui ne sont pas déviées par les électrons, sont rectilignes. Ainsi, le parcours moyen varie peu et est pratiquement égal à la longueur des trajectoires. La portée est très courte : elle ne dépasse pas dans l'air quelques cm, dans l'eau et les tissus mous quelques dizaines de µm. Ainsi, ces particules, très radiotoxiques, sont totalement arrêtés par des obstacles aussi fins qu'une feuille de papier.

Pic de Bragg
Comme les trajectoires de ces particules sont rectilignes, leurs vitesses décroissent avec la profondeur dans les tissus, ce qui entraîne une diminution de l'énergie cinétique et conséquente augmentation du pouvoir de ralentissement du milieu et donc de la dose, en profondeur. Ainsi la DLI, qui augmente progressivement avec la profondeur, devient brusquement très élevée en fin de parcours, lorsque l'énergie cinétique des particules devient inférieure à une dizaine de MeV (pic de Bragg, étroit très prononcé).
Dans certaines applications de radiothérapie, l'énergie initiale des particules chargées lourdes délivrées est calculée pour que le pic de Bragg se produise au niveau de la tumeur. Ainsi, la dose délivrée à la tumeur sera très importante, et la dose délivrée au tissu sain environnant sera moindre

Autres QCM

1. **Parmi les propositions suivantes concernant l'interaction entre un faisceau de neutrons et la matière, indiquez celle(s) qui est (sont) exacte(s) :**

a. Il y a interaction Compton et rétrodiffusion, si l'énergie du faisceau de neutrons est suffisante.
b. L'interaction du faisceau de neutrons est négligeable avec les électrons de la matière.
c. Le faisceau de neutrons est composé de particules chargées.
d. Le faisceau de neutrons est directement ionisant.
e. Le phénomène de capture radiative peut intervenir avec émission de rayons gamma.

2. **Parmi les propositions suivantes concernant la réaction d'annihilation, indiquez celle(s) qui est (sont) exacte(s) :**

a. La réaction d'annihilation se produit entre un positron et un neutron.
b. La réaction d'annihilation abouti à la production de deux électrons à 90° l'un de l'autre.
c. La réaction d'annihilation abouti à la production de 2 photons, chacun d'énergie = 1,022 MeV.
d. La réaction d'annihilation aboutit à la production de 2 photons d'énergie dépendant de l'énergie de l'électron incident.
e. La réaction d'annihilation constitue la base physique de la tomographie par émission de positon.

3. **Parmi les propositions suivantes concernant les particules α, indiquez celle(s) qui est (sont) exacte(s) :**

a. Les particules α sont des particules chargées légères.
b. Les particules α ont des trajectoires rectilignes.
c. Les particules α ont un TEL élevé.
d. Les particules α sont directement ionisantes.
e. Les particules α ont un long parcours.

4. **Parmi les propositions suivantes concernant le transfert linéaire d'énergie (TLE), indiquez celle(s) qui est (sont) exacte(s) :**

a. Le TLE dépend du spin de la particule incidente.
b. Le TLE est indépendant de la densité du milieu.
c. Le TLE est inversement proportionnel à la vitesse de la particule.

d. Le TLE augmente quand le numéro atomique du milieu traversé augmente.
e. Le TLE est proportionnel au carré de la charge de la particule.

5. **Parmi les propositions suivantes concernant le transfert linéaire d'énergie (TLE), indiquez celle(s) qui est (sont) exacte(s) :**

a. Le TLE caractérise le rayonnement.
b. Le TLE s'identifie à l'énergie cédée par collisions à l'unité d'épaisseur d'eau traversée.
c. Le TLE est plus important pour les rayonnements gamma que pour les alphas.
d. Le TLE est directement proportionnel à la vitesse des particules incidentes.
e. Le TLE est directement proportionnel au numéro atomique des atomes du milieu absorbant.

6. **Parmi les propositions suivantes concernant les mécanismes physiques d'interactions des rayonnements ionisants, indiquez celle(s) qui est (sont) exacte(s) :**

a. Les neutrons provoquent des ionisations indirectement par les noyaux de recul et les radiations émises lors de leur capture.
b. La perte d'énergie des neutrons est essentiellement due aux interactions avec les noyaux.
c. La perte d'énergie d'un neutron est maximale lors d'un choc avec un noyau de numéro atomique élevé.
d. Pour qu'un neutron soit capté par un noyau, il faut que sa vitesse soit grande.
e. A épaisseur égale, l'eau est plus efficace pour arrêter un flux neutronique que le plomb.

Interactions électromagnétiques : rayons X et gamma

QCM

a. La loi d'atténuation $N_{(x)} = N_0 e^{-\mu x}$ s'applique aux rayons X et au rayonnement γ
b. La couche de demi-atténuation (CDA) est égale à l'inverse du coefficient d'atténuation linéique : $CDA = \frac{1}{\mu}$
c. La couche de demi-atténuation s'exprime en m^{-1}
d. Le coefficient d'atténuation linéique a pour dimension [L]
e. La couche de demi-atténuation dépend de l'énergie des photons traversant le matériau

Généralités

Lorsqu'un faisceau de photons X ou γ traverse un matériau, une partie est absorbée par le matériau (totalement ou partiellement), une autre partie sera diffusée dans toutes les directions, une autre enfin pourra être transmise sans interaction. L'atténuation d'un faisceau de photons par le matériau est due à plusieurs phénomènes. Dans tous les cas l'interaction d'un photon avec la matière est aléatoire ; elle dépend du matériau traversé (épaisseur) et suit une loi exponentielle décroissante (développée ci-après).

Les différents modes d'atténuation ou interactions élémentaires sont :

- l'absorption totale : le photon cède toute son énergie au milieu : cas de **l'effet photoélectrique**, de **la création de paires** et de la réaction photo-nucléaire
- l'absorption partielle et **diffusion inélastique Compton**
- la **diffusion élastique Thomson-Rayleigh**

Proposition a

La loi d'atténuation $N_{(x)} = N_0 e^{-\mu x}$ s'applique aux rayons X et au rayonnement γ

VRAI car :

Lorsqu'un faisceau de photons incidents (X ou γ) N_0 traverse un matériau d'épaisseur x, certains photons sont absorbés par le matériau, d'autres sont transmis, d'autres enfin sont diffusés.

Après la traversée du matériau, le faisceau $N_{(x)}$ diminue de façon exponentielle en suivant une loi de variation de type : $N_{(x)} = N_0 e^{-\mu x}$

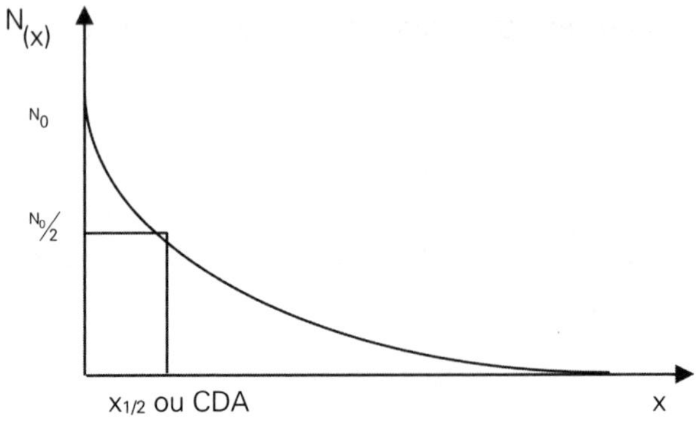

Proposition b

La couche de demi-atténuation (CDA) est égale à l'inverse du coefficient d'atténuation linéique : $CDA = \frac{1}{\mu}$

FAUX car :

La couche de demi-atténuation (qui s'écrit aussi $x_{1/2}$) est l'épaisseur de matériau qui atténue la moitié du faisceau de photons incidents N_0 ; elle s'exprime en fonction du coefficient d'atténuation linéique μ :

$$N_{(x_{1/2})} = \frac{N_0}{2} = N_0 e^{-\mu x_{1/2}}$$

$$\frac{1}{2} = e^{-\mu x_{1/2}}$$

$$x_{1/2} = \frac{\ln 2}{\mu} \text{ ou}$$

$$CDA = \frac{\ln 2}{\mu}$$

Proposition c

La couche de demi-atténuation s'exprime en m^{-1}

FAUX car :

La couche de demi-atténuation (CDA) ou $x_{1/2}$ est une épaisseur de matériau qui a la dimension d'une longueur [L].

Son unité est le mètre dans le système international.

Proposition d

Le coefficient d'atténuation linéique a pour dimension [L]

FAUX car :

Le coefficient d'atténuation linéique μ a pour expression :

$$\mu = \frac{\ln 2}{CDA}$$

La CDA ayant pour dimension une longueur, μ a pour dimension $[L]^{-1}$
(Si la CDA est en cm, μ est en cm^{-1})
Remarque :
Si le matériau est caractérisé par son épaisseur et par sa masse volumique, on utilise alors le **coefficient d'atténuation massique**, μ/ρ qui a pour dimension $[L]^2.[M]^{-1}$

Proposition e
La couche de demi-atténuation dépend de l'énergie des photons traversant le matériau
VRAI car :
La CDA est d'autant plus importante que l'énergie du faisceau de photons X ou γ est importante et que le matériau a une masse volumique faible.

Effet photoélectrique

QCM

Un faisceau de lumière éclaire une surface métallique. La fréquence du rayonnement est de $12{,}2.10^{14}$ Hz. L'énergie d'extraction est de 4,50 eV.

a. L'énergie du rayonnement est de 5,0 eV
b. Pour que l'effet photoélectrique se produise il faut que l'énergie du photon incident soit inférieure à l'énergie de liaison de l'électron atomique de la cible.
c. Il existe une longueur d'onde seuil pour que l'effet photoélectrique existe.
d. L'énergie cinétique des photoélectrons est de 4,5 eV.
e. La vitesse des photoélectrons est de $4{,}2.10^5 m.s^{-1}$

Généralités

Lors de l'effet photoélectrique un photon incident d'énergie $E = h\nu$ interagit avec un électron d'un atome. Le photon incident disparaît. Il transmet la totalité de son énergie : une partie correspond à l'énergie qu'il faut fournir pour arracher un électron atomique (Energie de liaison : E_l), une partie est transmise à l'électron arraché sous forme cinétique (E_c) :

$$E = h\nu = E_l + E_C = E_l + \frac{1}{2}mv^2$$

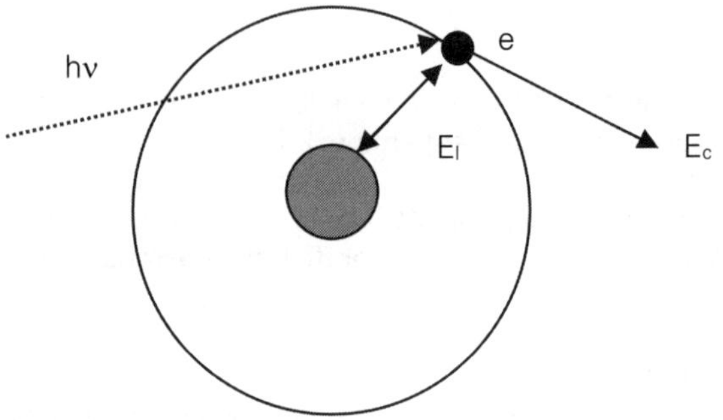

Cet effet photoélectrique est suivi du réarrangement du cortège électronique, car un électron est parti et l'atome possède de l'énergie en trop : il y a émission soit d'électron Auger, soit de rayonnement de fluorescence, caractéristiques de l'élément « fils ». Les photoélectrons vont à leur tour ioniser d'autres atomes et perdre petit à petit leur énergie en donnant des électrons secondaires.

Proposition a

L'énergie du rayonnement est de 5,0 eV

VRAI car :

La fréquence du rayonnement est de $12{,}2.10^{14}$ Hz.

$$E = h\nu$$

$$E = 6{,}6.10^{-34} x 12{,}2.10^{14}$$

$$E \approx 8{,}0.10^{-19} J$$

soit

$$E = \frac{8{,}0.10^{-19}}{1{,}6.10^{-19}}$$

$$E = 5{,}0 eV$$

Proposition b

Pour que l'effet photoélectrique se produise il faut que l'énergie du photon incident soit inférieure à l'énergie de liaison de l'électron atomique de la cible.

FAUX car :

Pour que l'effet photo électrique existe il faut que l'énergie transmise par le rayonnement aux électrons du métal soit supérieure à leur énergie de liaison :

$$E \geq E_l$$

Proposition c

Il existe une longueur d'onde seuil pour que l'effet photoélectrique existe

VRAI car :

Il existe une énergie seuil ; la longueur d'onde seuil correspond à cette énergie seuil. Pour que l'effet photo électrique existe il faut que la longueur d'onde du rayonnement incident soit inférieure à la longueur d'onde seuil.

Proposition d

L'énergie cinétique des photoélectrons est de 4,5 eV.

FAUX car :

L'énergie cinétique des photoélectrons est égale à l'énergie initiale du photon incident diminuée de l'énergie qu'il faut fournir pour arracher un électron atomique :

$$E_c = h\nu - E_l$$
$$E_c = 5,0 - 4,5$$
$$E_c = 0,5 eV$$

Proposition e

La vitesse des photoélectrons est de $4,2.10^5 m.s^{-1}$

VRAI car : l'énergie cinétique est :

$$E_c = 1/2 mv^2$$
$$v^2 = \frac{2E_c}{m} \rightarrow v = \sqrt{\frac{2E_c}{m}}$$
$$v = \sqrt{\frac{2x0,5x1,6.10^{-19}}{9.10^{-31}}}$$
$$v = \sqrt{0,177.10^{12}}$$
$$v = 4,2.10^5 m \cdot s^{-1}$$

La probabilité d'atténuation par effet photo-électrique est représentée par le **coefficient d'atténuation photo-électrique τ.**

Le **coefficient d'atténuation massique** τ / ρ est dépendant de Z et de l'énergie du photon incident E et son expression est :

$$\frac{\tau}{\rho} = k \cdot Z^3 \cdot \lambda^3 \text{ ou } \quad \frac{\tau}{\rho} \alpha \left(\frac{Z}{E}\right)^3$$ appelée aussi Loi de Bragg et Pierce

L'effet photoélectrique s'observe surtout pour des rayonnements de faible énergie (10 à 50 keV) et pour des tissus à Z fort (os par exemple) donc induit des ionisations dans les milieux biologiques.

Effet Compton

QCM

a. Au cours de l'effet Compton, l'énergie du photon incident est partiellement absorbée par un électron atomique ou un électron libre.
b. Le photon garde toujours sa direction initiale après l'interaction avec l'électron
c. Les longueurs d'onde des photons incidents et diffusés sont liées
d. La longueur d'onde Compton est égale à 2,42 pm
e. Le coefficient d'atténuation massique Compton est pratiquement indépendant du numéro atomique Z

Généralités

Au cours de la diffusion Compton, un photon initial d'énergie $E = h\nu$ entre en collision avec un électron au repos peu ou pas lié. Le photon incident cède une partie de son énergie à un électron d'une couche superficielle et change de longueur d'onde. L'électron dit électron Compton emporte sous forme d'énergie cinétique E_c la différence entre l'énergie perdue par le photon et l'énergie d'ionisation. Sa direction fait un angle Φ avec la direction du photon incident. Le photon diffusé a une longueur d'onde plus grande que celle du photon incident ($E' = h\nu'$) ; il est émis dans une direction faisant un angle θ avec la direction incidente.

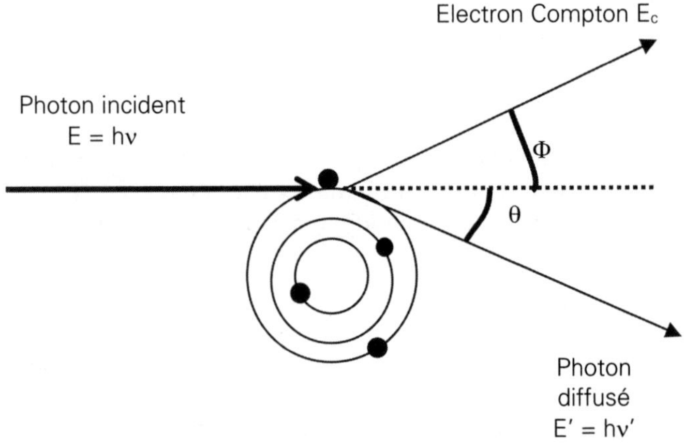

Proposition a

Au cours de l'effet Compton, l'énergie du photon incident est partiellement absorbée par un électron atomique ou un électron libre.

VRAI car :

La diffusion Compton correspond au schéma ci-dessus.L'énergie du photon incident (E = hν) se partage entre l'énergie transférée à l'électron Compton et celle du photon diffusé E':

$$E' = \frac{E}{1+\frac{E}{m\cdot c^2}(1-\cos\theta)}$$

Proposition b

Le photon garde toujours sa direction initiale après l'interaction avec l'électron,

FAUX car l'angle θ peut varier de 0 à 180 °; plus l'énergie du photon incident augmente, plus le photon Compton est émis vers l'avant.

Proposition c

Les longueurs d'onde des photons incidents et diffusés sont liées

VRAI car :

Lorsque l'on écrit les équations de conservation de la quantité de mouvement et de l'énergie, on aboutit à l'équation suivante montrant le lien entre les longueurs d'onde des photons incident et diffusé ; la variation de longueur d'onde $\Delta\lambda$ est :

$$\lambda' - \lambda = \frac{h}{mc}(1-\cos\theta) = \Delta\lambda$$

$\frac{h}{mc}$ correspond à la longueur d'onde Compton λ_c (m est la masse de l'électron et c la vitesse de la lumière dans le vide, h la constante de Planck)

Proposition d

La longueur d'onde Compton est égale à 2,42 pm

VRAI car :

$$\lambda_c = \frac{h}{mc} = \frac{6,6.10^{-34}}{9,1.10^{-31}.3,0.10^{8}} = 0,24.10^{-11}\text{m soit } 2,42 \text{ pm}$$

Proposition e

Le coefficient d'atténuation massique Compton dépend du numéro atomique Z

FAUX car :

La probabilité d'atténuation par effet Compton est représentée par le **coefficient d'atténuation Compton σ**.

σ / ρ est le coefficient d'atténuation massique Compton

Il est indépendant de Z (nature de la matière irradiée). σ / ρ décroît en fonction de l'énergie du photon incident E

$$\frac{\sigma}{\rho} \alpha \frac{1}{E}$$

Dans les tissus biologiques, l'effet Compton prédomine dès 30 à 50 keV.

Il est responsable d'artefacts en radiologie (réduit le contraste) et d'irradiation subie par le patient du fait d'un champ de radiation diffus.

Création de paires d'électrons

Elle correspond à la matérialisation d'un photon d'énergie hν sous forme d'un électron et d'un positon. Il faut que le photon dispose d'une énergie minimum (seuil) telle que :

$$E_{seuil} = h\nu = 2m_0 \cdot c^2 = 2x0,511 = 1,02 MeV$$

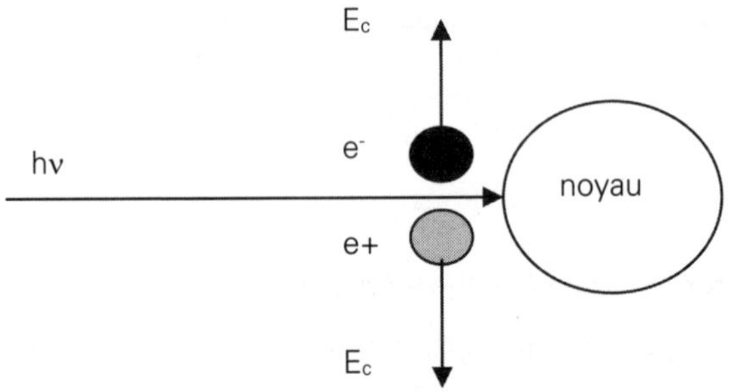

Le positon e+ va perdre par chocs successifs son énergie, ionisant la matière, puis il s'annihile avec son anti-particule, un électron du milieu. On obtient alors 2 photons gamma d'énergie $h\nu = m_0 \cdot c^2 = 0,511\, MeV$ émis à 180°.

La probabilité d'atténuation par matérialisation est représentée par le **coefficient d'atténuation lié à la matérialisation π**,

Il augmente avec le Z du milieu et lentement avec E,

$$\frac{\pi}{\rho} \alpha Z \cdot \ln(E)$$

Importance des interactions élémentaires

Le **coefficient d'absorption massique total** $\frac{\mu}{\rho}$ est :

$$\frac{\mu}{\rho}=\frac{\tau}{\rho}+\frac{\sigma}{\rho}+\frac{\pi}{\rho}$$

Il dépend du Z du milieu absorbant et de l'énergie $h\nu$ du rayonnement. A faible énergie, l'effet photoélectrique est prépondérant, à moyenne énergie c'est l'effet Compton et à haute énergie, supérieure à 1,02 MeV c'est la création de paires.

Application : les rayons X

QCM

Un tube à rayons X fonctionnant sous une différence de potentiel U = 100 kV et une anticathode en tungstène de numéro atomique Z = 74.

a. La vitesse v des électrons lors de leur impact sur l'anticathode (dans l'hypothèse non relativiste) est : $1{,}9 \,.\, 10^8$ $m.s^{-1}$
b. La longueur d'onde minimale λ_0 du spectre continu en nanomètres est : 0,00124 m
c. Sachant que pour le tungstène, l'énergie de liaison des électrons est égale à – 69 keV pour la couche K et – 19 keV pour la couche L, l'énergie de la raie K_α en eV est : 88 000
d. La longueur d'onde (en nanomètres) correspondant à l'énergie de la raie K_α est : 0,025
e. L'énergie cinétique (en eV) d'un électron arraché de la couche K par collision est : (On donne : $\sqrt{2}$ = 1,414 et $m_e = 9.10^{-31}$kg)

Généralités

Les rayons X ont été découverts par l'allemand W. C. Röntgen en 1895. Le tube à rayons X utilisé en radiologie actuellement est du même type que le tube de Coolidge découvert en 1906 : tube sous vide. Il est constitué d'une part d'une cathode métallique, filament chauffé qui émet des électrons et d'autre part d'une anode métallique soumises à une différence de potentiel très élevée (plusieurs dizaines de kV). Le champ électrique accélère les électrons émis par la cathode. Les rayons X sont

produits par l'interaction de ces électrons avec le matériau constituant l'anode.
Le spectre observé d'émission du rayonnement X est constitué d'une partie continue et d'une partie discrète (spectre de raies) :

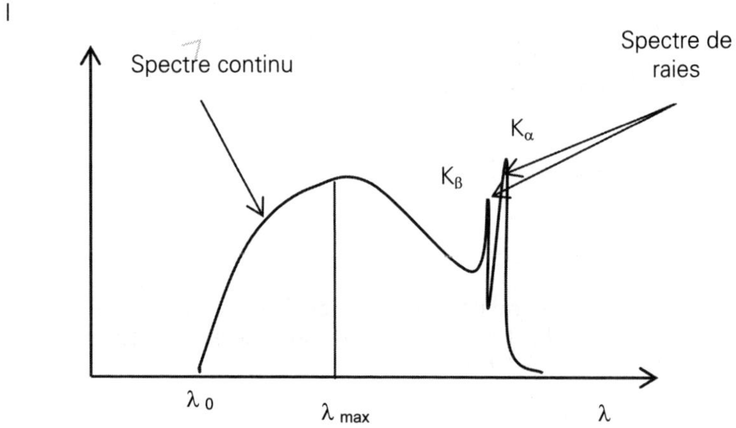

Le spectre continu est dû au rayonnement de freinage ou « Bremsstrahlung »émis par les électrons lors de l'interaction des électrons avec les noyaux atomiques de l'anode.
Le spectre de raies correspond au rayonnement de fluorescence dû à l'interaction des électrons incidents avec les électrons de l'anode métallique. Il existe une réorganisation du cortège électronique aboutissant à l'émission de photons. Le spectre de raies est caractéristique de la nature de l'anode.

Proposition a
La vitesse v des électrons lors de leur impact sur l'anticathode (dans l'hypothèse non relativiste) est : $1{,}9.10^8$ m.s^{-1}
VRAI car :
Les électrons émis par la cathode par effet thermoélectronique, soumis au champ électrique, sont accélérés et viennent frapper l'anode ou anticathode. Le courant d'électrons définit l'intensité dans le tube exprimée en mA.
L'énergie de ces électrons est une énergie cinétique telle que :

$$E = eU = \frac{1}{2}mv^2$$

$$v = \sqrt{2\frac{eU}{m}}$$

$$v = \sqrt{\frac{2,16.10^{-19}.100.10^{3}}{9.10^{-31}}} = \frac{\sqrt{2}\cdot\sqrt{16.10^{16}}}{\sqrt{9}}$$

$$v = \sqrt{2}\cdot\frac{4.10^{8}}{3} = 1,414\cdot\frac{4}{3}\cdot 10^{8}$$

$$v = 1,9.10^{8} m\cdot s^{-1}$$

Proposition b

La longueur d'onde minimale λ_0 du spectre continu en nanomètres est : 0,00124 m

FAUX car

La longueur d'onde minimale correspond à l'énergie maximale qui est fonction de la tension U appliquée. D'après la loi de Duane et Hunt, la longueur d'onde de la radiation en nm est égale à 1240 divisé par la tension accélératrice U en Volts :

$$\lambda = \frac{1240}{U}$$

$$\lambda = \frac{1240}{100000}$$

$$\lambda = 0,0124 nm$$

Proposition c

Sachant que pour le tungstène, l'énergie de liaison des électrons est égale à – 69 keV pour la couche K et – 19 keV pour la couche L, l'énergie de la raie K_α en eV est : 88 000

FAUX car :

$$E_{K_\alpha} = E_L - E_K$$

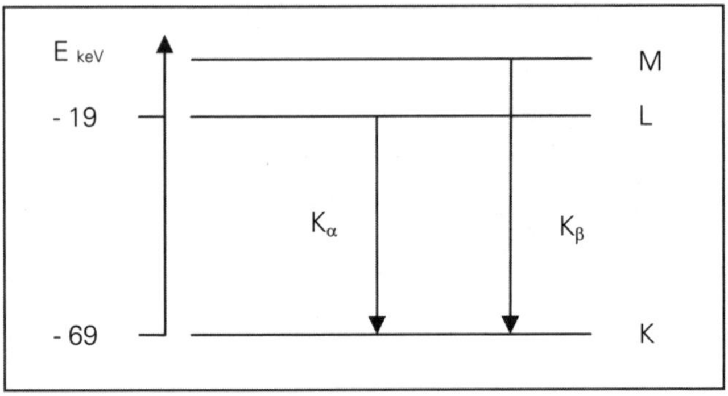

$$E_{K_\alpha} = (-19) - (-69)$$
$$E_{K_\alpha} = 50 KeV$$
$$E_{K_\alpha} = 50000 eV$$

Proposition d

La longueur d'onde (en nanomètres) correspondant à l'énergie de la raie K_α est : 0,025 nm

VRAI car

$$\lambda = \frac{hc}{E} \text{ car } E = h \cdot \nu = \frac{h.c}{\lambda}$$

L'énergie E égale à 50000 eV est convertie en Joules en multipliant par $1,6.10^{-19}$

$$\lambda = \frac{6,6.10^{-34} \cdot 3.10^{8}}{50000 \cdot 1,6.10^{-19}} \approx 0,00025.10^{-7} m$$
$$\lambda = 0,025 nm$$

On peut aussi appliquer la loi de Duane et Hunt :

$$\lambda_{nm} = \frac{1240}{E_{(eV)}}$$

$$\lambda = \frac{1240}{50000} = 0,025 nm$$

Proposition e

L'énergie cinétique (en eV) d'un électron arraché de la couche K par collision est : 12 000

FAUX car :

L'énergie cinétique d'un électron arraché de la couche K est égale à l'énergie apportée par les électrons qui frappent l'anode diminuée de l'énergie qu'il faut apporter pour arracher l'électron de la couche K (Energie de liaison sur la couche K) :

$E_c = E - E_K$

$E_c = 100000 - 69000$

$E_c = 31000 eV$

Autres QCM

7. On considère en faisceau de rayons X monochromatique d'intensité I_0.

   On intercale une épaisseur e = 1 cm de matériau sur le trajet du faisceau. Le faisceau de sortie vaut $I_0/4$.

   Quelle est la valeur de la CDA ?

   a. 0,25 cm
   b. 0,125 cm
   c. 2 cm
   d. 0,5 cm
   e. 4 cm

8. On produit des rayons X en bombardant une cible de tungstène avec un faisceau d'électrons accélérés par une tension de 25 kV. Leur vitesse initiale est nulle. La longueur d'onde en nm des photons X émis, si la totalité de l'énergie cinétique des électrons incidents est transformée en énergie électromagnétique, est :

   a. 49,6
   b. $3,1.10^{17}$
   c. 31
   d. $4,96.10^{-2}$
   e. $1,65.10^{-19}$

QCM Solutions

1. Parmi les propositions suivantes concernant l'interaction entre un faisceau de neutrons et la matière, indiquez celle(s) qui est (sont) exacte(s) :

   a. FAUX
   b. VRAI
   c. FAUX
   d. FAUX
   e. VRAI

2. Parmi les propositions suivantes concernant la réaction d'annihilation, indiquez celle(s) qui est (sont) exacte(s) :

   a. FAUX
   b. FAUX
   c. FAUX
   d. FAUX
   e. VRAI

3. Parmi les propositions suivantes concernant les particules α, indiquez celle(s) qui est (sont) exacte(s) :

   a. FAUX
   b. VRAI
   c. VRAI
   d. VRAI
   e. FAUX

4. Parmi les propositions suivantes concernant le transfert linéaire d'énergie (TLE), indiquez celle(s) qui est (sont) exacte(s) :

   a. FAUX
   b. FAUX
   c. VRAI
   d. VRAI
   e. VRAI

5. **Parmi les propositions suivantes concernant le transfert linéaire d'énergie (TLE), indiquez celle(s) qui est (sont) exacte(s) :**

   a. VRAI
   b. VRAI
   c. FAUX
   d. FAUX (Le TLE est inversement proportionnel au carré de la vitesse des particules)
   e. VRAI

6. **Parmi les propositions suivantes concernant les mécanismes physiques d'interactions des rayonnements ionisants, indiquez celle(s) qui est (sont) exacte(s) :**

   a. VRAI
   b. VRAI
   c. FAUX (La perte d'énergie d'un neutron est maximale lors d'un choc avec une particule de masse égale à la sienne, comme un proton)
   d. FAUX (Un neutron sera capté par un noyau lorsque sa vitesse sera quasiment nulle : il s'agit du neutron thermique)
   e. VRAI (L'eau riche en hydrogène est plus efficace que le plomb (de numéro atomique plus élevé que l'hydrogène) pour arrêter un flux de neutron)

7. **On considère en faisceau de rayons X monochromatique d'intensité I_0.
   On intercale une épaisseur e = 1 cm de matériau sur le trajet du faisceau. Le faisceau de sortie vaut $I_0/4$.
   Quelle est la valeur de la CDA ?**

   a. FAUX
   b. FAUX
   c. FAUX
   d. VRAI car $\frac{\Phi_0}{4} = \Phi_0 \cdot e^{\frac{-Ln2}{CDA}.1}$

   $$e^{-\frac{\ln 2}{CDA}} = \frac{1}{4} \Rightarrow \ln e^{-\frac{\ln 2}{CDA}} = \ln\frac{1}{4}$$

   $$CDA = \frac{\ln 2}{\ln 4} = \frac{\ln 2}{2\ln 2} = \frac{1}{2} \Rightarrow CDA = 0{,}5cm$$

   e. FAUX

8. On produit des rayons X en bombardant une cible de tungstène avec un faisceau d'électrons accélérés par une tension de 25 kV. Leur vitesse initiale est nulle. La longueur d'onde en nm des photons X émis, si la totalité de l'énergie cinétique des électrons incidents est transformée en énergie électromagnétique, est :

a. FAUX
b. FAUX
c. FAUX
d. VRAI car $\lambda = \frac{1240}{U}$

$$\lambda = \frac{1240}{25000} = 0,0496\text{nm}$$

e. FAUX

Notes

CHAPITRE 4
DETECTION

QCM

Une source ponctuelle est placée à 1 m d'un détecteur NaI dont la fenêtre a une surface de 5cm². On détecte N_d = 25000 photons gamma pour un comptage de 5 min.

a. L'incertitude relative pour une probabilité de 95% sur le comptage N_d est de 1,26%
b. L'angle solide du détecteur par rapport à la source est de 5.10^{-2} sr
c. L'efficacité étant de 10%, le nombre de photons émis par la source en 5 min est de $6,3.10^{9}$ photons
d. L'activité de la source est de $12,5.10^{8}$ Bq (on admettra un photon gamma par désintégration).
e. Le détecteur à NaI est un compteur à scintillation

Généralités

Pour détecter un rayonnement il doit y avoir une **interaction par transfert d'énergie entre le rayon et le détecteur.**
Pour les rayons X et gamma, le transfert pour la détection se fait par effet photoélectrique : toute l'énergie est transférée à la matière.
Pour l'effet Compton, un photon entre en collision avec un électron, le photon est diffusé avec un changement d'énergie ; il se produit une perte d'énergie (effet parasite).

Pour la création de paire électronique, (si $E_{h\nu} > 2m_0c^2$) les photons d'annihilation peuvent sortir du détecteur et il peut se produire une perte d'énergie (pic d'échappement).
Pour les particules chargées il existe surtout des phénomènes d'excitation et d'ionisation.

Proposition a

L'incertitude relative pour une probabilité de 95% sur le comptage N_d est de 1,26%
VRAI car :
Pour une source radioactive, l'émission est un **phénomène aléatoire** : si on considère une source radioactive constante, plusieurs mesures dans les mêmes conditions ne donnent pas les mêmes résultats. La moyenne est

N_d. La loi de probabilité tend vers une loi de Gauss de moyenne N_d et d'écart type $\sqrt{N_d}$

La probabilité d'avoir N_d valeurs mesurées comprises entre $N_d - 2\sqrt{N_d}$ et $N_d + 2\sqrt{N_d}$ est de 95%

Plus la source est faible plus le temps de comptage devra être long pour obtenir une précision relative donnée. Si on veut comparer deux activités différentes avec la même précision relative il faut obtenir le même taux de comptage.

L'incertitude relative est $\frac{\Delta N_d}{N_d}$:

$$\frac{\Delta N_d}{N_d} = \frac{2\sqrt{N_d}}{N_d} = \frac{2}{\sqrt{N_d}}$$

$$\frac{2}{\sqrt{25000}} = \frac{2}{5\sqrt{1000}} = \frac{2}{5x31,6} = \frac{2}{158} = 0,0126 \rightarrow 1,26\%$$

Proposition b

L'angle solide du détecteur par rapport à la source est de 5.10^{-2} sr

FAUX car :

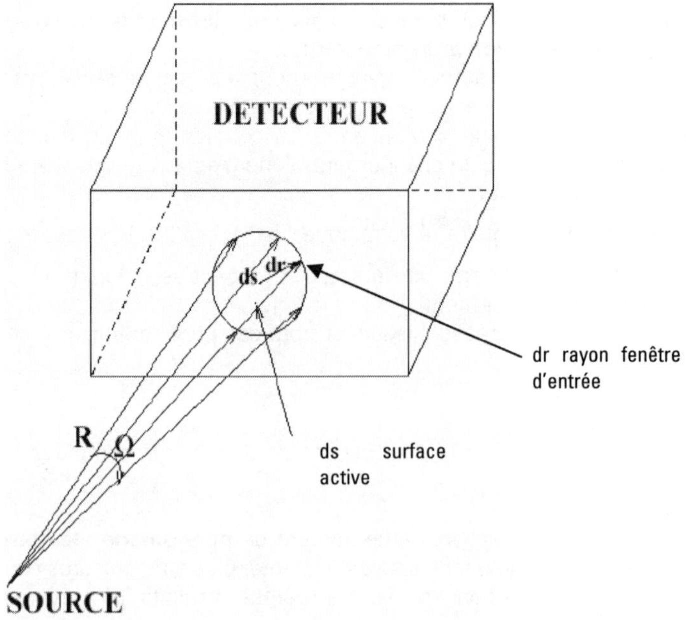

R distance source-détecteur
Ω angle solide sous lequel on voit la fenêtre d'entrée
S surface de la sphère de rayon R
La source ponctuelle émet dans tout l'espace : 4π

Si N_0 est le nombre de particules émises par la source, N est le nombre de particules qui pénètrent dans le détecteur :

$$N = N_0 \frac{\Omega}{4\pi} \approx N_0 \frac{ds}{S}$$ (ds est la surface du cercle de rayon dr)

$$N \approx N_0 \frac{\Pi (dr)^2}{4\Pi R^2} \qquad G = \frac{(dr)^2}{4R^2}$$ (G est le facteur de géométrie)

$$\Omega = \frac{\Pi \cdot dr^2}{R^2}$$ dr^2 et R^2 sont en m^2

$$\Omega = \frac{5.10^{-4}}{1^2} = 5.10^{-4} sr$$

L'unité d'angle solide Ω est le stéradian.

Proposition c

L'efficacité étant de 10%, le nombre de photons émis par la source en 5 min est de $6,3.10^9$ photons

VRAI car :

$$N_0 = \frac{N_d}{e} \cdot \frac{4\pi}{\Omega}$$

N_0 est le nombre de particules émises par la source, N_d est le nombre de particules détectées

e est l'**efficacité du détecteur** : probabilité pour qu'une particule entrant dans le détecteur soit détectée.

$$N_0 = \frac{25000}{0,10} x \frac{4\pi}{5.10^{-4}} = 6,3.10^9 \text{photons}$$

L'efficacité dépend du type de détecteur, du type de la particule et de son énergie et fait partie des

Paramètres caractéristiques du comptage :

Les autres paramètres à prendre en compte sont :

- le **rendement de détection** : $r = \frac{N_d}{A}$ rapport entre le nombre de particules détectées et l'activité de la source. R est inférieur à 1 et dépend de la source, du détecteur, de l'électronique et de l'environnement ;
- le **bruit de fond** : en l'absence de source on détecte des particules ayant pour origine les rayons cosmiques, les activités

parasites, le bruit électronique. Le nombre d'impulsions enregistrées en l'absence de source doit être retiré des mesures effectuées en suite pour la source ;

- le **temps mort** τ du compteur : après la détection d'une particule c'est le temps nécessaire au détecteur pour détecter une nouvelle particule.

On distingue 2 types de détecteurs. Si N_d est le nombre de particules détectées et N le nombre réel de particules :

- pour les détecteurs non paralysables : le temps mort τ n'est pas allongé si une particule survient durant ce temps mort : $N_d = \frac{N}{(1+N\tau)}$;
- les détecteurs paralysables : le temps mort s'allonge si une deuxième particule survient durant le temps mort : $N_d = N \cdot e^{-N\tau}$.

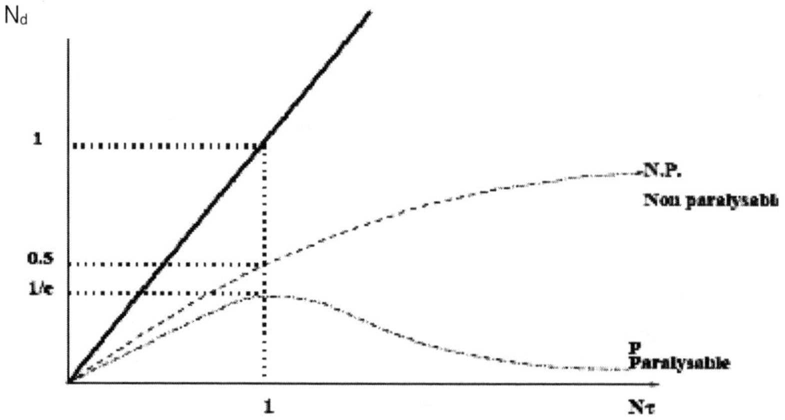

Proposition d

L'activité de la source est de $12,5.10^8$ Bq (on admettra un photon gamma par désintégration).

FAUX car :

L'activité est le nombre de désintégrations par seconde, or il y a un photon gamma par désintégration et $6,3.10^9$ photons émis en 5 min :

$$A = \frac{6,3.10^9}{5x60} = 2,09.10^7 Bq$$

Proposition e
Le détecteur à NaI est un compteur à scintillation
VRAI car :
L'iodure de sodium fait partie des monocristaux ou scintillateurs minéraux les plus utilisés en médecine nucléaire.

Les différents types de détecteurs

1. Les détecteurs physiques

1.1 Plaque photographique

Principe : les rayonnements ionisants ont la propriété d'impressionner les émulsions photographiques qui sont constituées :

- d'une suspension de grains de bromure d'argent cristallisés ;
- d'ions $Ag+$ interstitiels ;
- d'impuretés $S-$ dans de la gélatine.

L'interaction du rayonnement ionisant avec la suspension entraîne la libération d'électrons du brome. Cet électron est capturé par le soufre. L'impureté $S2-$ réduit ensuite l'argent interstitiel en lui cédant un électron:

$$Ag^{+} + e- \Longleftrightarrow Ag$$

Il se forme un germe d'argent métallique (2 à 3 atomes par grain) qui est responsable de l'image latente. Le révélateur (ex : hydroquinone) complète la réduction des ions $Ag+$ des grains qui présentent un germe ce qui fait apparaître l'image.
Applications : autoradiographie, films dosimètres

1.2 Calorimétrie

Principe : La désintégration d'un radioélément implique une libération d'énergie, donc de chaleur (en faible quantité).
Par apport d'une quantité de chaleur Q, l'élévation de température $\Delta\theta$ d'une quantité de matière m dont la capacité calorifique est C s'exprime par :

$$\Delta\theta = \frac{Q}{mC}$$

Application : étalonnage des dosimètres usuels

1.3 Détecteurs solides de traces

Principe : ils sont formés de matériel solide (mica, plastique,...). Lorsque ce matériel est ionisé, les traces latentes sont révélées par un solvant.

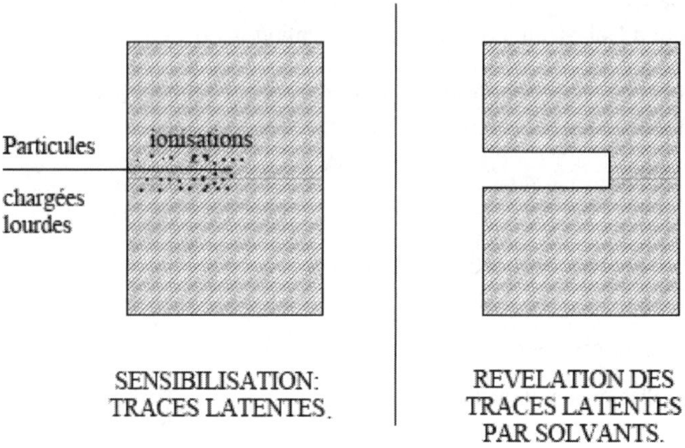

Application : détection des particules chargées lourdes

2. Les détecteurs électroniques

2. 1 Détecteurs à gaz

Constitués d'une enceinte fermée, cavité remplie de **gaz,** conductrice cylindrique jouant le rôle de **cathode**, d'**anode** centrale (fil). On applique une tension (THT).

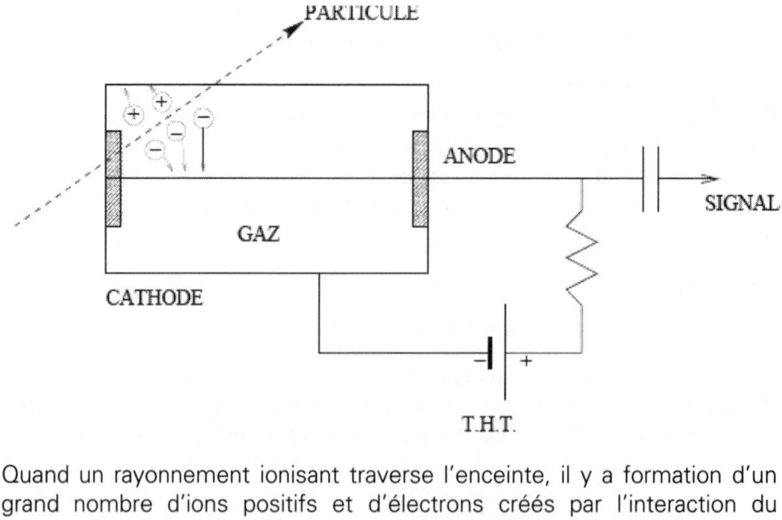

Quand un rayonnement ionisant traverse l'enceinte, il y a formation d'un grand nombre d'ions positifs et d'électrons créés par l'interaction du rayonnement avec les molécules du gaz et collectés sur les 2 électrodes.

Sous l'effet de la THT, les électrons sont attirés vers l'anode avant que les particules positives plus lourdes n'arrivent à la cathode. Le signal obtenu est dû uniquement aux électrons. La quantité d'électricité recueillie sur les électrodes constitue une impulsion électrique mesurable. Selon la tension appliquée, le fonctionnement du détecteur est différent ; on distingue plusieurs zones :
(Soit **n ionisations** créées par le rayonnement, soit **N électrons** collectés sur l'anode)

A. Zone de recombinaison (<100V)

La vitesse des électrons est faible car la tension est faible : les électrons se recombinent avec des ions positifs avant d'arriver à l'anode **N < n**

B. Chambre d'ionisation (100 à 200 Volts)

Tous les électrons sont collectés, le signal est constant, indépendant de la tension mais dépendant de l'énergie déposée dans le compteur. La sensibilité est faible.
Applications : appareils de mesure utilisés en dosimétrie et radiothérapie :

- dosimétrie intégrateur : mesure d'une exposition.
- débit-mètre : mesure de débit d'exposition (radiothérapie) ;

C. Compteur proportionnel (300 à 1000V)

Les électrons sont suffisamment accélérés pour créer des ionisations secondaires : l'impulsion électrique est ainsi proportionnelle à la tension (amplification électronique). Pour une tension donnée, le signal est proportionnel au nombre de paires d'ions formées donc à l'énergie de la particule. **N = kn**
Ce mode de fonctionnement permet la **détection et le comptage de particules** de faible énergie et des photons X et γ
Applications : mesure l'exposition (dosimétrie, spectrométrie)

D. Zone intermédiaire (1000 à 1100V)

Régime de semi-proportionnalité ; pas de compteur dans cette zone,

E. Compteur Geiger-Müller (> 1100V)

Chaque ionisation provoque une avalanche d'ions secondaires se propageant le long de l'anode. Le signal est dépendant de la tension mais indépendant de l'énergie de la particule : le nombre de charges collectées ne dépend pas du nombre d'ionisations primaires. L'ionisation du gaz provoque une décharge électrique, transformée en signal sonore. C'est un détecteur très sensible, d'un emploi universel. Le mode de fonctionnement est en « tout ou rien ». Le compteur Geiger-Müller ne permet que des dénombrements. Le temps mort est élevé (un temps de résolution élevé), ce qui le rend inutilisable pour les forts taux de comptage
Applications : recherche de radioactivité dans le cas de contamination (radioprotection)

F. Décharges semi-autonomes

Décharges continues entre cathode et anode. Le compteur est inutilisable dans cette zone

2. 2 Chambre à fils

Principe : Une enceinte (**chambre**) est remplie d'un **gaz** noble (Argon), des fils électriques parallèles sont tendus à l'intérieur de manière à faire une sorte de maillage dans un plan. L'extrémité des fils est ensuite connectée à un générateur de tension électrique à une borne positive (anode) et des plaques conductrices sont intercalées et reliées à une borne négative (cathodes).

Lorsqu'une particule chargée (c'est-à-dire portant une charge électrique comme un électron ou un muon) traverse la chambre, cette particule **ionise le gaz** (elle « casse » des atomes de gaz en électrons chargés négativement et en ions chargés positivement). Les électrons sont alors attirés par les anodes (reliés à une borne positive) et les ions par les cathodes (reliés à une borne négative).

Au bout de l'anode, on place un amplificateur pour permettre la **mesure du courant électrique** engendré par le déplacement des électrons dans le fil.

La mesure de courant sur chaque fil peut être par la suite analysée dans un ordinateur afin de reconstruire la trajectoire de la particule de manière automatique.

2.3 Détecteurs à semi-conducteurs

Principe : équivalents à une chambre d'ionisation solide avec des matériaux à Z et ρ élevés (accolement de 2 semi-conducteurs (SC) Silicium ou Germanium contenant 2 types d'impuretés).

- **SC de type p** contenant des impuretés trivalentes (Ga) au voisinage desquels apparaissent des « trous positifs » accepteurs d'électrons
- **SC de type n** contenant des impuretés pentavalentes (P) avec un électron périphérique non apparié

Au contact entre ces 2 SC création d'une zone dépeuplée. La **zone dépeuplée** est la **jonction p-n** très mince (1µ). Quand un rayonnement la traverse il crée de nombreuses ionisations : paires constituées par un électron libre qui migre vers le SC p et par un trou positif comblé par un électron venu du SC n. La quantité d'électricité recueillie est proportionnelle à l'énergie du rayonnement.

Applications :

Spectrométrie des particules chargées et des rayonnements γ ; efficacité élevée et bonne résolution en énergie : l'énergie d'ionisation est faible : **3 eV/paire d'ions** (plus sensibles que les détecteurs à gaz nécessitant 34 eV/paire d'ions)

2.4 Compteurs à scintillations

Principe : appareils mettant en jeu l'excitation des matériaux. Ils utilisent la propriété de certaines substances d'émettre de la lumière visible ou des UV lorsqu'elles sont soumises à des radiations ionisantes : **collecte et mesure de photons de désexcitation lumineux** émis par la substance scintillante solide ou liquide après absorption de l'énergie du rayonnement. Il y a **proportionnalité entre l'énergie déposée et l'intensité du signal lumineux**.

On distingue :

Scintillateurs solides (minéraux)

Monocristaux transparents à la lumière contenant des impuretés ou activateurs :

- iodure de sodium activé au thallium : **NaI (*Tl*)** utilisé pour les X et γ
- orthosilicate de gadolinium ou de lutétium pour les γ de haute énergie (TEP)

Principe : le cristal de NaI est dopé au thallium qui se comporte comme impureté absorbant les photons émis par le cristal. On peut distinguer 3 étapes :

1. un photon incident interagit avec le cristal, transfère des électrons dans la bande de conduction ;
2. les électrons reviennent à leur niveau d'origine grâce au thallium qui sert d'intermédiaire ;
3. émission de photons de fluorescence de longueur d'onde proche de 410nm correspondant à un flash lumineux.

Propriétés :

- efficacité élevée : Z et ρ élevés (bon rendement).
- constante de temps longue.
- sensibles aux variations de température

Applications : spectrométrie, comptage, imagerie

Scintillateurs organiques

Monocristaux d'anthracène, de stilbène, de naphtalène : composés organiques fluorescents, incorporés dans une matière plastique (polystyrène) facile à usiner

Propriétés :

- constante de temps courte ($t = 10^{-9}$s)
- bonne transparence à la lumière émise
- rendement lumineux mauvais
- pouvoir d'arrêt faible pour les X et γ (peu efficace)

Applications : comptage d'activités importantes (α et β)

Scintillateurs liquides

Ce sont des solutions diluées d'un ou plusieurs composés organiques fluorescents (toluène, xylène) au sein desquelles on place les échantillons à compter.

Propriétés : l'échantillon est dissout dans le liquide scintillant pour éviter les pertes de comptage par autoabsorption intrasource,
Applications :
Comptage pour les β de faible énergie comme tritium, C14

Thermoluminescents
Fluorure de Lithium : soumise à des rayonnements, la structure cristalline montre des défauts proportionnels au rayonnement. Si l'on chauffe, les défauts cristallins disparaissent en émettant de la lumière que l'on peut mesurer.

*Application*s : dosimétrie (intérêt car possibilité de miniaturisation : bagues),

Chaîne de détection

Si l'on prend l'exemple du détecteur à NaI dopé au thallium (NaI(Tl)), la chaîne de détection comprend :

- le détecteur : cristal à NaI(Tl) qui transforme les photons gamma en photons lumineux, en plus grand nombre et proportionnel à l'énergie des gammas.
- un photomultiplicateur qui transforme l'énergie des photons lumineux en courant électrique,

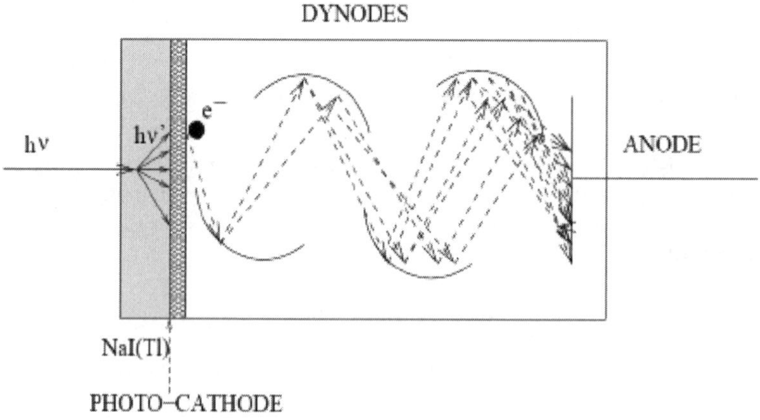

Le photon gamma d'énergie hν produit un grand nombre de photons lumineux d'énergie hν' dans le cristal scintillant. Ces photons lumineux produisent des électrons en tombant sur la photocathode. Les électrons accélérés tombent sur des dynodes en produisant à leur tour n électrons : il y a donc amplification électronique. Le gain est élevé : de l'ordre de 10^6 à 10^9.

- Un préamplificateur et un amplificateur qui amplifient le courant en provenance du photomultiplicateur.
- Un spectromètre qui trie les impulsions en fonction de leur énergie. La spectrométrie gamma permet l'identification et la sélection des isotopes ainsi que l'étalonnage des appareils de mesure.
- Un compteur qui compte les impulsions.

Notes

CHAPITRE 5

PARTICULARITES DOSIMETRIQUES ET DE RADIOPROTECTION

Problème

Le traitement d'une tumeur pulmonaire par des photons délivrés par une source externe nécessite un débit de dose de 18 sievert (Sv) par heure.

1. En sachant que la tumeur a un volume de 15 mL, calculer l'énergie de la source en une heure.

2. Quelle serait son énergie si elle émettait des particules ?

On donne : masse volumique de la tumeur = 1 kg/L ; facteurs de pondération pour le rayonnement γ = 1, pour le rayonnement α = 20.

Solution

1.On sait que (cours) :

$$H = \frac{W}{m}$$

avec H en Sv, W en J et m en kg.

donc :

W = H.m = 18 x 15 x 10^{-3} = 0,27 J par heure

2. On sait que (cours) :

$$H = D \cdot w$$

avec H en Sv, D en Gy et w facteur de correction.

donc : D = H/w = 18/20 = 0,9 Gy par heure

et W = D.m = 0,9 x 15 x 10^{-3} = 13,5 mJ par heure

Généralités : Unités de mesures de doses

Le Kerma

L'énergie cinétique **transférée** (dW_t) par unité de masse à l'intérieur d'un volume limité, par des évènements produits dans ce volume (une partie de l'énergie transférée à l'électron par ionisation peut sortir du volume) est le Kerma (Kinetic Energy Released per unit MAss), K.

$K = \frac{dW_t}{dm}$ avec K en Gray (1Gy = 1J/Kg)

La dose absorbée

La dose absorbée est la quantité d'énergie effectivement absorbée dans le volume (dW_a) par unité de masse (à partir d'électrons mis en mouvement dans le volume ou en dehors).

$$D_a = \frac{dW_a}{dm}$$

avec D_a en Gray (1Gy = 1J/Kg)

A noter que K = D_a uniquement en cas d'équilibre électronique dans le volume.

La dose équivalente

La dose équivalente H_T équivaut à la dose absorbée moyenne DR,T (reçue par un tissu T, due à un rayonnement R), pondérée par un facteur w_R qui prend en compte les caractéristiques physiques du rayonnement (TLE et DLI). Elle représente donc mieux la toxicité biologique du rayonnement, mais n'a de sens qu'à faible dose.

$$H_T(Sv) = \sum_R w_R \cdot D_{R,T}$$

avec H_T en Sievert (1Sv = 1J/Kg)

Tableau 1 : Rayonnements et facteurs de pondérations

Rayonnement	Énergies	W_R
Rayons X	toutes	1
Rayons γ	toutes	1
Particules β	toutes	1
Protons	> 20 Mev	5
Neutrons	< 10 keV	5
	10 keV à 100 keV	10
	100 keV à 2 MeV	20
	2 Mev à 20 Mev	10
	> 20 MeV	5
Autres noyaux atomiques (dont particules α)	toutes	20

La dose efficace

La dose efficace E est un indicateur global de l'exposition de l'individu, défini par la somme des doses équivalente reçues au niveau des différents organes, pondérées par un facteur w_T qui prend en compte la sensibilité des différents tissus. Elle est conçue pour évaluer un risque global mais ne tient pas compte du débit de dose du rayonnement (ni de l'âge du tissu).

$$E(Sv) = \sum_T w_T \cdot H_T$$

avec E également en Sv

Tableau 2 : Tissus et facteurs de pondérations

Tissus	W_T
Gonades	**0.20**
Moelle osseuse	**0.12**
Colon	**0.12**
Poumon	**0.12**
Estomac	**0.12**
Vessie	**0.05**
Seins	**0.05**
Foie	**0.05**
Oesophage	**0.05**
Thyroïde	**0.05**
Peau (corps entier)	**0.01**
Surfaces osseuses	**0.01**
Reste de l'organisme	**0.05**

Radioactivité naturelle et artificielle

Radioexpositions

Il existe deux moyens de s'exposer aux rayonnements ionisants :

L'irradiation externe signifie qu'un rayonnement ionisant passe à travers le corps. Elle est provoquée par une exposition externe (lorsque la source se trouve à distance de l'organisme) ou par une contamination externe (lorsque la source se trouve au contact de la peau)

La contamination interne a lieu lorsque la source pénètre dans l'organisme et peut ainsi être métabolisée. Les voies d'entrée peuvent être respiratoire, digestive, transcutanée ou à travers des blessures.

Radioactivité naturelle

La dose efficace annuelle moyenne liée à la radioactivité naturelle est d'environ **2 mSv/an**.

Irradiation externe

Les rayonnements cosmiques sont d'intensité variable avec la latitude et surtout l'altitude (par effet écran de l'atmosphère) :

- au niveau de la mer **0,3 mSv/an**
- à La Paz (3900 m) 2 mSv/an

La radioactivité tellurique est liée à la nature granitique du sol :

- en moyenne en France **0,4 mSv/an**
- dans les Bouches du Rhône 0,2 mSv/an
- en Bretagne 1,7 mSv/an

Contamination interne

L'inhalation du Radon 222 (gaz qui émane du sol et diffuse dans l'air), de concentration variable (environ 61 Bq/m3) entraîne une dose d'environ **1,2 mSv/an**.

L'ingestion de radionucléides naturels (K 40, C 14), entraîne une dose d'environ **0,2 mSv/an**.

Radioactivité artificielle

Elle est provoquée par l'activité humaine, et est responsable en moyenne d'une dose efficace annuelle d'environ **1 mSv/an** par personne.

Celle d'origine médicale (diagnostic et thérapie) est très variable, de l'ordre de **0,8 mSv/an** dans les pays industrialisés (la moyenne dans le monde est de 0,4).

Celle d'origine domestique (construction, peintures, télévision) ou consécutive aux loisirs est de **0,06 mSv/an.**

Celle d'origine industrielle (liée au fonctionnement des centrales nucléaires et des usines de retraitement des déchets nucléaires), est en moyenne de **0,001 mSv/an** (mais monte à 0,05 à proximité des centrales).

Celle provenant des retombées des explosions atomiques est actuellement négligeable.

Enfin, il faut considérer la radioactivité artificielle d'origine professionnelle (qui intéresse les travailleurs de l'industrie, ou du médical).

Effets pathologiques des rayonnements ionisants

Effets déterministes

Les effets déterministes (obligatoires ou à seuil) se produisent à coup sûr sur un individu si la dose reçue est supérieure à un seuil donné. Ils sont précoces et souvent réversibles, leur gravité croît avec la dose totale reçue.

La protection contre ces effets est simple : il suffit de poser des limites en dessous des seuils où on les voit apparaître.

Effets stochastiques

Les effets stochastiques (aléatoires) peuvent toucher au hasard n'importe qui dans une même population irradié, quelle que soit la dose. Ils sont tardifs et irréversibles et leur gravité est indépendante de la dose (c'est la probabilité de survenue dans la population qui croît avec la dose). Ils peuvent se manifester des années après l'exposition (les observations sont difficiles) et sont non spécifiques (le bruit de fond naturel et les autres facteurs de risque compliquent l'analyse de ces effets).
La protection contre ces effets est complexe pour l'individu, car il n'existe pas de seuil d'apparition : la relation dose-effet linéaire sans seuil à fortes dose et débit de dose est extrapolée aux faibles dose et débit de dose. Cette hypothèse «majorante», non démontrable expérimentalement, est admise à titre de précaution, même si contraire aux observations épidémiologiques (il n'y a pas d'augmentation des incidences de ces effets dans les régions à plus forte radioactivité naturelle).
La gestion du risque fait l'objet d'un consensus international. Ainsi, on veillera à limiter l'incidence des effets stochastiques dans une population donnée.

Fondements de la radioprotection

La radioprotection a pour but de protéger les personnes, ainsi que l'environnement, des effets nocifs des rayonnements ionisants.
Les applications de la radioprotection concernent tout rayonnement, naturel ou artificiel, qui interagit avec la matière biologique en déposant de l'énergie et en créant, directement ou indirectement, des ions.
Le champ d'application touche des activités humaines variées (médicales, scientifiques, industrielles) et intéresse tant les personnes (public et travailleurs) que l'environnement.

Principes fondamentaux de la radioprotection

1. Justification

Aucune pratique impliquant des expositions aux rayonnements ionisants ne doit être adoptée à moins que son introduction n'apporte un avantage suffisant aux individus exposés ou à la population qui contrebalance le détriment qu'elle induit.

2. Optimisation

Le niveau des doses individuelles, le nombre de personnes exposées ainsi que la probabilité de subir des expositions non voulues, doivent être maintenus à un niveau aussi bas qu'il est raisonnablement possible, compte tenu des facteurs économiques et sociaux (ALARA, As Low As Reasonably Achievable).

3. Limitation

La dose reçue par les individus ne doit pas dépasser des limites comportant des risques inacceptables (éviter les effets déterministes sur l'individu, et limiter l'incidence des effets aléatoires sur la population)

En outre, les substances radioactives doivent être utilisées de manière à produire le moins de déchets possibles.

Facteurs de protection

Afin de limiter la dose reçue, il faudra considérer trois facteurs :

- temps : limiter le temps d'exposition au rayonnement ionisant (la dose reçue est directement proportionnelle à la durée d'exposition) ;
- distance : se placer à une distance maximale (l'exposition diminue proportionnellement au carré de la distance avec la source de rayonnement) ;
- barrières : utiliser des écrans de protection (de forme et épaisseur adaptées à l'énergie du rayonnement).

Application de la radioprotection

Les mesures d'applications sont variables en fonction des catégories d'exposition (exposition de la population, professionnelle ou médicale)

Radioprotection de la population

- Contrôles de la radioactivité sur l'ensemble du territoire, réalisées par l'IRSN (Institut de radioprotection et de sûreté nucléaire)
- Epidémiologie (mesures d'hygiène publique)
- Gestion des accidents nucléaires (information, prévention)

Radioprotection professionnelle

Dans les lieux où on manipule, à but industriel ou médical, des sources de rayonnement ionisant, la « personne compétente en radioprotection » doit :

- informer le personnel des moyens de protection ;
- classifier les travailleurs et les zones de travail ;
- réaliser une surveillance adaptée.

Radioprotection du patient

Le principe de la limitation de dose ne s'applique pas aux expositions médicales aux rayonnements ionisants. Seuls devront donc être considérés :

La **justification** (il existe trois niveaux d'analyse d'une pratique en médecine) :

- justification primaire : l'utilisation des rayonnements en médecine (à but diagnostic, et thérapeutique) est acceptée par la société ;
- justification générique : l'utilisation d'une procédure spécifique avec un objectif précis fait l'objet de recommandations de la part des organismes professionnels ;
- justification individuelle : l'application de la procédure générique à un patient donné devra comporter l'évaluation du risque/bénéfice particulier (surtout pour les examens complexes) et sera décidée par le prescripteur et l'imageur.

L'**optimisation** dans les examens d'imagerie, afin de réaliser une réduction des doses au patient sans perdre des informations utiles (exposition minimale compatible avec une qualité d'image acceptable), l'imageur devra sélectionner la technique d'acquisition optimale.

Ce principe de base de la radioprotection s'applique également aux méthodes de traitement par rayonnement ionisant où l'on cherchera de délivrer le maximum de dose possible au tissu pathologique tout en épargnant le tissu sain environnant avec des techniques particulières de dosimétrie.

QCM

1. Parmi les propositions suivantes concernant le gray (Gy), indiquez celle(s) qui est (sont) exacte(s) :

a. Le gray représente une énergie absorbée par unité de masse.
b. Le gray est égal à 1 J/kg.
c. Le gray est égal à 100 mSv.
d. Le gray est indépendant du milieu absorbant.
e. Le gray est indépendant de la qualité des radiations ionisantes.

2. Parmi les propositions suivantes concernant le sievert (Sv), indiquez celle(s) qui est (sont) exacte(s) :

a. Le sievert l'unité internationale de dose absorbée équivalente chez l'homme.
b. Le sievert est égal à 1 J/kg.

c. Le sievert est équivalent à 0,05 Gy pour un rayonnement alpha.
d. Le sievert tient compte de la qualité des radiations.
e. Le sievert est utilisé seulement en radioprotection.

3. **Parmi les propositions suivantes concernant la dose équivalente, indiquez celle(s) qui est (sont) exacte(s) :**

a. La dose équivalente s'exprime en gray.
b. La dose équivalente est la dose d'irradiation absorbée par les tissus par unité de temps.
c. La dose équivalente ne peut pas être directement mesurée.
d. La dose équivalente tient compte de la masse du tissu absorbant le rayonnement.
e. La dose équivalente dépend de l'oxygénation des tissus absorbants.

4. **Parmi les propositions suivantes concernant les pathologiques des radiations ionisantes, indiquez celle(s) qui est (sont) exacte(s) :**

a. Une dose de 4 Gy en irradiation aiguë est toujours mortelle.
b. La gravité des effets est augmentée, à dose totale égale, si la dose est fractionnée dans le temps.
c. Les effets déterministes ne se manifestent qu'à partir d'une certaine dose.
d. Les effets stochastiques des radiations sont caractéristiques.
e. Il est possible de définir avec précision une dose seuil d'irradiation en deçà de laquelle il n'existe aucun risque de cancer

5. **Parmi les propositions suivantes concernant la radioprotection du patient, indiquez celle(s) qui est (sont) exacte(s) :**

a. La radioprotection du patient aide à homogénéiser les pratiques médicales.
b. La radioprotection du patient va faire augmenter les examens non justifiés.
c. La radioprotection du patient impose aux médecins de fournir par écrit les éléments de justification de l'acte en se référant au guide du bon usage des examens d'imagerie médicale.
d. La radioprotection du patient permet au radiologue de refuser la réalisation d'un acte si les éléments de

justification fournis par le médecin prescripteur lui paraissent insuffisants.

e. La radioprotection du patient impose d'indiquer sur le Compte Rendu d'acte d'imagerie les éléments utiles à l'estimation de la dose reçue.

QCM - Solutions

1. Parmi les propositions suivantes concernant le gray (Gy), indiquez celle(s) qui est (sont) exacte(s) :

a. VRAI
b. VRAI
c. FAUX
d. VRAI
e. VRAI

2. Parmi les propositions suivantes concernant le sievert (Sv), indiquez celle(s) qui est (sont) exacte(s) :

a. VRAI
b. VRAI
c. VRAI
d. VRAI
e. VRAI

3. Parmi les propositions suivantes concernant la dose équivalente, indiquez celle(s) qui est (sont) exacte(s) :

a. FAUX
b. FAUX
c. VRAI
d. VRAI
e. FAUX (Néanmoins, une même dose peut avoir des effets très différents selon le taux d'oxygénation des tissus)

4. Parmi les propositions suivantes concernant les pathologiques des radiations ionisantes, indiquez celle(s) qui est (sont) exacte(s) :

a. FAUX
b. FAUX
c. VRAI
d. FAUX
e. FAUX

5. Parmi les propositions suivantes concernant la radioprotection du patient, indiquez celle(s) qui est (sont) exacte(s) :

a. VRAI
b. FAUX
c. VRAI
d. VRAI
e. VRAI

Notes

Cet ouvrage a été achevé d'imprimer en novembre 2011
sur les presses de Normandie Roto Impression s.a.s.
61250 Lonrai
N° d'imprimeur : 114198
dépôt légal : novembre 2011

Imprimé en France